인간이 만든 신의 술,
와인의 세계로 당신을 초대합니다!

와인 만드는 교수,

박원목의 와인 강의

박원목 · 윤경은 지음

라이프 김영사

와인 만드는 교수, 박원목의 와인 강의

저자 박원목 · 윤경은

1판 1쇄 인쇄_ 2007. 2. 28
1판 3쇄 발행_ 2009. 8. 17

발 행 처_ 김영사
발 행 인_ 박은주
기획 · 진행_ 북케어(www.bookcare.net)
교정_ 박형록
디자인_ 모든디자인(02 3142 6424)
사진촬영_ Studio707(02 3444 7095)
사진제공_ 프랑스 농식품 진흥공사(SOPEXA)/보르도 포도주협회(CIVB)
DPT_ AD#
Special thanks_ 빛나는 장소를 제공한 갤러리 현(02 722 0701) 식구들
등록번호_ 제406-2003-036호
등록일자_ 1979. 5. 17
주소_ 경기도 파주시 교하읍 문발리 출판단지 514-2 우편번호 413-834
마케팅부 031)955-3100, 편집부 031)955-3250, 팩시밀리 031)955-3111

값은 표지에 있습니다.
ISBN 978-89-349-2416-6 13590

독자의견 전화_ 031)955-3104
홈페이지_ http://www.gimmyoung.com
이메일_ bestbook@gimmyoung.com

실용서도 김영사가 만들면 다릅니다.
라이프김영사가 여러분의 삶을 함께 합니다.

와인 만드는 교수,
박원목의 와인 강의

프롤로그

고교시절 나는 생물학시간을 가장 좋아하였다. 또한 나의 선친께서 일찍이 경산에 사과 과수원을 가지고 계셔서 나는 어려서부터 농업에 관심을 가지게 되었고 자연스럽게 농과대학에 진학하게 되었다. 대학 시절은 참으로 즐거웠다. 학교 온실에서 실습을 하면서 친구들과 어울려 인생을 논하고 소리 높여 노래 부르면서 화음의 아름다움을 깨닫게 되었다. 교수님 실험실에서는 실험을 도우며 추운 겨울에 실험대 위에서 잠을 자기도 하면서 학문의 길로 들어설 결심을 하였다.

대학원에서는 원예학을 전공하면서, 병충해의 피해 방제의 중요함을 실감하게 되어 당시에 미개척 분야인 식물병리학을 배우기 위하여 미국으로 유학을 떠났다.

귀국 후 다시 독일에 가서 최신기술을 터득해 왔고 이 기술을 한국 식물병리 연구에 도입하며 많은 성과를 거두었다. 그러나 나는 늘 진리탐구는 현장에서 이용되어야 한다는 철학을 가지고 있었다. 콩나물 산업에서 농약 사용 문제로 영세한 재배업자가 늘 책임을 져야 한다는 사실이 안타까워 콩나물 연구를 통해 농민에게 도움을 주려고 노력하였다. 1990년대에는 유전자조작 농산물(GMO)이 문제가 될 것을 예측하여 전국에서 재배되는 콩의 GMO 여부를 검증하여 그 동안 안전하다던 우리 농가에도 이미 GMO 콩이 농민들도 모르게 혼입되었다는 것을 밝혀내기도 했다.

무역자유화로 우리 농업이 위협을 받고 있다. 그런데 할인점이나 백화점 혹은 주류전문상점의 진열대는 모두 외제 와인이 차지하고 있다. 우리나라 와인은 찾아볼 수 없다. 더욱이 국내 와인 관련 인사들이 국산 포도는 와인용이 아니기 때문에 와인을 만들 수 없다며 외제 와인만 좋은 것인 양 선전하고 있다. 나는 이런 현상을 보며 우리나라 포도농가도 살아남아야 한다는 생각을 가지게 되었다. 그래서 그 동안 공부한 원예학과 미생물에 관한 지식을 가지고 국산 와인 생산에 대한 연구를 시작하였다. 연구 결과 우리도 좋은 와인을 생산할 수 있다는 확신이 생겼고 와인 생산자들에 기술자문을 해주며 그들을 도울 수가 있었다.

세계에 와인 문화가 활짝 열리면서 세계무대에서 활약할 우리 젊은이들에게도 와인에 대한 교육이 필요하다는 생각으로 2004년부터 고려대학교에서 교양과목으로 와인개론을 강의하기 시작하였다. 와인 강의를 시작하면서 참고할 만한 책을 찾는데 인문학적 시각에서 쓴 좋은 책은 있었으나 과학자의 시각에서 쓴 책이 없어 못내 아쉬웠다.

이제 정년을 맞으며 그 동안 공부하고 가르쳤던 것을 정리하여 일반인들도 이해하기 쉬운 강의록을 펴내고자 하였다. 뒤늦게 출간을 계획하였지만 김영사에서 흔쾌히 책을 펴내주겠다는 말에 감격하고 감사하였다. 이 책이 나오기까지 기획에서 글쓰기까지 함께한 평생 반려자인 윤경은 교수에게 감사한다.

2007년 입춘을 맞으며

저자 박 원목

목차
contents

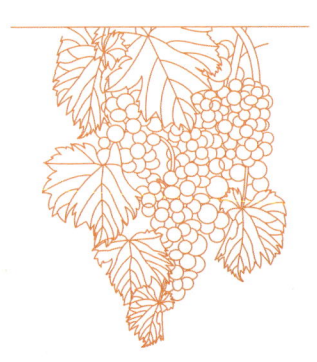

I. 와인 이야기

사진제공 보르도 포도주협회(CIVB), Ph.Roy

1. 와인wine의 정의

와인의 어원은 라틴어의 '비넘vinum'으로 '포도로 만든 술'이라는 의미이다.

와인은 프랑스어로는 뱅vin, 독일어로는 바인wein이며 영어로는 와인wine이라고 한다.

협의의 와인은 일반적으로 포도즙을 발효하여 얻어지는 알코올 음료를 말한다. 그러나 광의의 와인은 과일즙 혹은 식물의 부분을 발효하여 만든 과실주를 통칭한다. 와인 이외의 과일발효주는 와인 앞에 과일 이름을 붙여서 와인과 구별을 한다. 복분자술raspberry wine, 딸기술strawberry wine, 체리술cherry wine, 마리골드술marigold wine, 장미술rose petal wine, 당근술carrot wine, 인삼술ginseng wine, 막걸리rice wine로 부르는 식이다. 과일발효주 중에 예외적으로 과일의 명칭이 붙지 않고 고유의 별칭을 가진 와인이 있다. 사과즙을 발효한 술을 사이다cider, 배즙을 발효한 술을 페리perry, 꿀을 발효한 술을 미드mead라고 한 것이 그것이다.

2. 와인의 역사

와인은 오랜 역사를 가지고 있지만 언제 어디서 처음 만들어졌는지는 아무도 모른다. 다만 와인은 발명한 것이 아니라 우연히 발견된 것이라는 것이 통설이다. 포도는 수확하여 그대로 저장해 두면 포도껍질에 묻어 있는 효모yeast에 의하여 자연적으로 발효되어 술이 되므로 와인은 인류가 마신 최초의 술이었을 것이라 추측하는 것이다.

와인의 시작

와인을 마시기 시작한 시기에 대한 정확한 기록은 없지만 와인에 관한 이야기는 많이 전해 내려온다. 페르시아 전설에 의하면 포도를 너무나 사랑하던 왕이 포도 철이 지난 후에도 계속 포도를 먹기 위해 수확한 포도를 질그릇에 담아 지하 창고에 저장하며 아무도 근접하지 못하도록 '독약poison' 이라고 쓴 종이를 붙여 두었다. 그런데 그의 후궁 중 한 명이 생활이 불만스럽고 머리가 많이 아파 자살을 하려고 지하실에 내려가 '독약' 이라는 액체를 마셔 버렸다. 그러나 그녀는 죽기는커녕 기분이 좋아지며 생기가 돌면서 두통은 사라지고 아주 행복한 느낌을 되찾게 되었다. 행복한 그녀는 왕에게 달려가 그 액을 왕과 함께 마셨고 곧이어 왕은 와인의 발효를 공식 선포하였다는 이야기가 있다.

이외에도 와인을 처음 마신 것은 사람에 앞서 원숭이었다고 하는 말도 전해 내려온다. 즉 원숭이가 먹다 흘린 포도알이 바위틈에 끼어들어가 발효가 됐는데 목이 마른 원숭이가 그 발효액을 먹고 취했다는 것이다. 그리고 성경에도 와인에 대한 언급이 521번이나 나온다고 한다.

전해 내려오는 이야기는 이렇지만 일반적으로 와인은 4,000년 또는 더 거슬러 올라가 6,000년 전부터 문화의 발생지인 메소포타미아(페르시아를 말하며 현재의 이란과 이집트 부근)에서 처음 만들어졌을 것이라 추측하고 있는데, 최근 같은 시기에 중국에서도 와인을 만들었다는 증거가 발견되었다고 한다.

고대 페르시아가 와인 국가였다는 증거는 벽화 이외에도 여러 가지가 있다. 와인이 생활 속에 깊이 녹아들어 제사에서 신께 드리는 술로서뿐 아니라 월급으로도 사용되었다는 것이다. 한 달 품삯으로 남자는 20쿼트quarts, 여자는 10쿼트를 주었다고 한다.[1]

그 시기에 와인의 원료가 된 포도 품종이 현재 우리가 사용하는 포도 품종의 원조일 것이라 믿고 있다.

이집트에서 포도를 재배하던 방법은 현대와 아주 유사하여 포도원을 만들어 포도가지를 유인하고 전정pruning을 최초로 실시하였다고 알려져 있다. 수확한 포도는 커다란 나무통에 넣어 밟아 발효를 시켰으며 여기서는 주로 단 화이트 와인이 생산되었는데 이때 사용된 포도는 현재의 머스캣 종Muscut of Alexandria이었을 것으로 보고 있다.

머스캣 종

예전에 와인 원료로 사용하였던 머스캣 종Muscat of Alexandria은 지금은 와인 원료로 쓰지 않고 대부분 식용이나 건포도의 원료로 쓴다. 현재 이 품종으로 만든 와인으로는 스페인의 'Moscatel de Malaga(heavy, sweet, and golden brown)'와 포르투갈의 'Moscatel de Setubal(sweet fortified wine)'이 있다.

이렇게 처음으로 소아시아에서 만들어진 와인은 이집트와 메소포타미아 중간에 위치한 페니키아 사람들에 의하여 현재의 레바논 해변에서 지중해를 건너 그리

1) Norwak, B. and B. Wichman. 1997, 2005. Everything Wine Book. F+W Publication Inc.

스, 시실리, 그리고 북부 이탈리아 등지로 퍼져 나갔다.

와인에 관한 공식 기록은 구약성경(창세기 9장 20, 21절)에 나온다. 대홍수가 지나 간 후 노아가 "농업을 시작하여 포도나무를 심었더니 와인을 마시고 취하여 그 장막 안에서 벌거벗은지라"라고 기록된 바, 와인으로 만취된 첫 사건으로 기록 되었다.

고대에는 물 대신에 와인이나 맥주를 마셨다고 한다. 물은 오염으로 인하여 바로 마시면 위험할 수 있기 때문에 생수 대용으로 와인이나 맥주를 마셨는데 권력자나 부자는 와인을 마시고 일반 백성들은 맥주를 마셨다. 그때의 와인은 현재의 와인보다 알코올 도수가 낮고 신맛이 많이 나는 초에 가까운 것이었다.

메소포타미아를 중심으로 와인이 만들어지기 시작하였을 것이라는 설과는 달리 Chatherin Fallis 등이 감수한 『The Encyclopedic Atlas of Wine』[2]에서는 고고학자들의 연구에 기초하여 와인이 8,000년 전에 아시아와 유럽 사이에 있는 코카서스 산 지역에서 처음으로 만들어져 지중해를 거쳐 유럽 전역으로 퍼져 나갔을 것이라고 한다. 또한 이 책에는 인류 최초의 식용곡물은 보리였기 때문에 와인보다 맥주가 먼저 제조되었을 것이라는 고고학자들의 견해도 수록되어 있다.

그때에는 와인뿐 아니라 꿀로 빚은 술, 미드mead와 야자열매에서 얻은 술이 중요한 음료였을 것이라는 견해도 있다. 또한 와인 제조를 시작한 이는 여성이었을 것이라고 한다. 신석기 시대에는 여성들이 과실이나 견과류를 수확하였는데 포도를 수확한 여인이 질그릇 병에 포도를 담아 두고는 깜빡 잊어버린 사이에 발효가 일어나 술이 되었을 것이고 그 발효는 현재의 탄산발효(116쪽 참조)라 알려진 포도를 으깨지 않고도 발효가 일어난 경우였을 것이라는 것이다.

2) Fallis C. 2004. The Encyclopedic Atlas of Wine. Global Book Publishing Pty Ltd. p14

그리스와 로마

그리스를 거쳐 유럽 전역에 전파된 와인은 전성기를 맞았다. 그리스 문화는 와인을 탐닉한 문화이다. 그리스인들은 와인은 풍작과 식물의 성장을 담당하는 신 디오니소스(Dionysos, 로마에서는 술의 신 바쿠스Bacchus라 불린다)가 내려주신 선물로 신이 인간에게 내려준 선물 중 가장 위대한 것이라 생각했다. 와인은 종교적인 의식, 상업에서 중요한 부분을 차지하였고, 히포크라테스를 비롯한 의사들은 처방으로 환자에게 와인을 마실 것을 권하기도 했다.

그리스에서는 와인을 원액 그대로 마시는 것은 야만적이라고 여겨져 취향에 따라 물로 적당히 희석하여 마셨다. 이러한 과정에서 와인이 변질된 것을 감추기 위해 허브나 향신료를 가미하는 방법을 터득하게 되었다. 저장 용기의 새는 부분을 막았던 소나무의 송진이 와인의 맛을 돋운다는 사실도 알아냈다. 귀족이나 부자들만이 마시던 와인이 그리스에 널리 퍼지면서 일반 평민들까지도 와인을 생활필수품으로 여겨 모두 마시게 되어 그리스가 와인의 민주화를 이루었다는 농을 듣게 되었다.

와인은 그리스를 거쳐 로마로 전해졌다. 기원전 50세기경에 로마 세력이 프랑스, 독일, 스페인 등 유럽의 중요한 지역에 미치면서 이 나라들에 대규모의 포도 재배 단지가 조성되었고 와인이 대량으로 양산되었다. 정복지에 도착한 원정군이 오염된 물 대신에 레드 와인을 주로 마시면서 이를 계기로 포도 재배가 활발해지고 와인 제조 기술도 더욱 발전하게 되었다. 4세기 초 콘스탄티누스 황제가 기독교를 공인한 후에 와인이 교회에서 성찬용으로 사용되면서 더욱 빠르게 유럽 전역으로 퍼져 나갔다. 그 당시 식수 부족으로 와인을 대신 마시기도 하고 세금이나 빚을 와인으로 정산하는 등 와인은 생활필수품으로 자리를 잡았다.

와인은 그 독특한 색이나 향으로 인하여 고대부터 종교의식과 깊은 관계를 가져왔다. 로마의 멸망은 와인 산업의 몰락을 가져올 수도 있었으나 와인이 성만찬용(레드 와인이 예수의 피로 상징됨)으로 사용되면서 포도 재배와 와인 양조는 수도원과 교단이 중심이 되어 이루어졌다. 수도원을 중심으로 유럽의 중요한 지역에 포도원이 조성되었는데, 특히 버건디Burgandy, 보르도Bordeaux, 상파뉴Champagne, 루아르계곡Loire Valley 및 론계곡Rhone Valley 등에 특급 포도원이 조성되었다. 이때부터 프랑스가 발군의 와인 제조 지역으로 세계에 알려지게 되었고 이들 산지에서 만들어내는 와인이 고유의 종류로 인식되기 시작했다.

기술의 발전과 함께

여러 가지 새로운 발견은 와인의 발달을 촉진하였다. 17세기에 유리병이 개발되면서 와인 산업은 급속히 발전했다. 와인을 저장할 때 산화를 방지하려면 마개를 해야 한다. 그래서 다양한 마개가 등장했는데 모두가 완벽하지 못하였다. 그중에 하나가 어느 크기의 병에나 들어가 맞도록 끝을 뾰죽하게 만든 코르크 마개였다. 물론 이것을 그냥 사용한 것은 아니다. 코르크 마개로 닫은 후 올리브기름을 발라 공기 유통을 차단하는 방식이었다.

그러나 이것도 완벽하지 못했는데 프랑스 샹파뉴 지방의 오빌레 수도원 수사들이 끝이 뾰족하게 깎인 코르크 마개를 오늘날에 쓰이고 있는 코르크 마개와 같이 끝이 뭉뚱하고 병 입구보다 약간 굵은 것을 사용하면서 문제가 해결되었다. 이들은 또한 샴페인을 만드는 기법도 개발했다.

1860년 프랑스 과학자 파스퇴르가 U자관 실험을 통하여 "부패와 발효는 미생물에 의하여 일어난다"는 사실을 발견하면서 발효산업은 급속히 발전하였고 산업

혁명 이후 기계공업 발달은 와인의 대량생산을 가능케 하여 와인의 대중화시대를 열었다.

신대륙의 약진

유럽에서 발달한 와인산업은 유럽 국가들의 식민지 정책과 더불어 유럽 이외의 신대륙에 와인 생산의 터를 마련하여 포도를 재배하면서 퍼져 갔다. 또한 16세기 이후 성직자들에 의하여 미국, 남아프리카, 중남미, 호주 등 세계 각국으로 전파되었다.

산업과 교통수단의 발달로 와인의 생산과 교역이 활발해지면서 국가별로 제품의 차별화와 고급화를 통한 상품 가치를 높이는 데 큰 관심을 가지게 되었다. 1935년 프랑스에서는 '원산지 명칭 통제 제도'를 도입, 포도 재배와 양조 과정을 엄격히 관리하여 좋은 품질을 유지함으로써 국제적으로 프랑스 와인의 명성을 얻게 되었다. 이후로 다른 나라들도 경쟁적으로 이와 유사한 법과 제도를 도입하여 품질관리에 힘을 쏟았다.

오늘날에는 전세계 50여 개국에서 연간 250억 병 이상의 와인이 생산되고 있는데 더 많은 나라에서 와인 생산에 힘을 쏟고 있는 반면 와인 소비는 크게 늘지 않기 때문에 와인산업이 예전과 같은 호황을 누리지 못하고 있다. 또한 최근에는 세계 제1의 와인을 생산한다는 프랑스에 도전하는 국가들이 생기면서 프랑스 와인의 명성이 흔들리고 있다. 1976년에 시행된 와인 품평회에서 눈가리고 시음하기blind tasting 결과 미국 캘리포니아산 와인이 프랑스산 와인보다 품질이 좋다는 것이 확인되었다. 심사위원 전원이 프랑스인으로 구성된 심사위원단에 의한 판정에서 미국산 와인(Stags' Leap Carbernet와 Cateau Montelena Chardonnay)이 우승

하여 세계를 놀라게 하였다. 오늘날은 미국, 호주, 아르헨티나, 칠레 등의 신대륙 국가에서 다량의 와인이 생산되고 있고, 그 품질 또한 프랑스, 이탈리아, 독일, 스페인 등의 구대륙 것에 버금간다.

우리나라에서 현대적인 양조기술로 만들어진 와인은 1970년대 초 독일에서 양조기술을 익힌 마주앙 기술진에 의하여 만들진 와인이다. 그들은 경북 청하, 경남 밀양에 포도원을 조성하여 리슬링Riesling, 사이벨Seibel, 머스캣Muscat 품종으로 국산 와인 '마주앙'을 탄생시켰다. 그 후에 몇몇 제조사가 여러 종류의 와인 생산과 시판을 시도하였으나 1987년 수입자유화 이후로 와인산업은 쇠퇴하게 되었다. 그러나 올림픽 이후로 와인에 대한 시민들의 관심이 높아지면서 국가 지원을 받은 농가 중심의 와인 생산 시설이 다시 점차 증가하고 있다.

3. 와인과 삶의 질

장밋빛 와인, 이것의 매력은 마술과 같다. 식탁 위에 와인 병이 놓여 있으면 코르크 마개를 열기 전에도 분위기는 한층 고조되며, 둘러앉은 친구들의 얼굴 근육이 부드러워진다. 마개가 뽑히는 경쾌한 소리가 나고 붉은 와인이 잔에 채워지는 것을 바라보면 마음이 평온해지고, 유머감각이 살아나면서 화기애애한 분위기가 이어진다. 이와 같이 와인은 마시기 전부터 정신적인 안정감을 주어 스트레스로부터 해방시켜준다.

예전 우리나라의 술 문화에서는 양반사회의 풍류와 더불어 약주나 소주가 흥을 돋우었다. 해방과 전쟁을 겪으며 우리 민족은 고난의 세월을 막걸리와 소주로 달랬다. 1970년에 이르러 경제 사정이 조금 좋아지자 외래 술인 맥주가 우리 생활에 자리하게 되었고, 80년대에는 고급술, 양주가 접대용으로 중요한 자리를

사진제공 보르도 포도주협회(CIVB), A.Benoit

차지하게 되었다.

80년대 들어 경제 수준의 급상승으로 자가용 소유자가 늘어났기 때문에 술에 흠뻑 빠져야 했던 술 문화에 변화가 오기 시작하였다. 또한 1988년 올림픽을 치르며 세계화의 바람이 불어 와인에 대한 관심이 높아졌다. 더 나아가 생활의 여유가 생기면서 와인 맛을 즐기는 사람들이 늘어났고 여기저기에 와인 애호가 그룹이 형성되기 시작하였다.

와인은 다른 술과 달리 그냥 마시고 취하는 용으로 사용되지 않는다. 정겨운 분위기와 부드러운 대화가 따르는 환경에서 사용되는 경우가 많다. 그런데 와인을 제대로 즐기기 위해서는 와인에 대한 이해가 필요하다.

와인은 종류가 다양하고 품질 표시 등 복잡한 정보가 주어지기 때문에 선택할 때부터 난관에 부딪힌다. 그리고 와인을 마실 때에 나름대로의 예절도 있다. 그런데 아무것도 모르고 소주 마시듯이 마시면 와인의 독특한 맛을 즐길 수가 없다. 이는 줄거리도 모르고 노래 가사도 모른 채 오페라 공연에 가면 아무리 유명한 오페라라 할지라도 감흥을 느끼지 못하는 것과 같다. 따라서 사전 지식을 가지고 와인을 접할 때 훨씬 더 가까이 갈 수 있고 즐길 수 있다.

와인을 안다는 것은 서양 역사와 문화에 한 걸음 다가가는 것이기도 하다. 예전에는 위생시설이 잘 되어 있지 않아 물이 오염되기 쉬워 생수를 그대로 마시기가 어려웠다. 그래서 왕실과 권력자들은 물 대신에 술을 마셨고 이 때문에 포도원은 대부분 왕실이나 수도원 소속이었다. 이러한 이유로 천혜의 땅 보르도를 차지하기 위한 영국과 프랑스의 전쟁이 수백 년을 끌 수가 있었다.

이스라엘이 원래 와인 문화권이었으므로 포도나무와 와인 이야기가 성경에 늘 등장하고 성찬식에는 예수의 피를 상징하는 레드 와인이 필수적으로 사용된다.

기독교가 압권이었던 중세 문화에서 와인은 중심적인 자리를 차지하여 다빈치, 미켈란젤로 등의 그림에서도 와인 잔을 만나게 된다.

와인을 생산한 나라에 따라 자기들의 언어로 라벨을 쓰기 때문에 와인 병을 대할 때 불어, 이탈리아, 독일어 표현을 접하게 되고 그러다 보니 그들의 언어와 문화까지 생각하게 된다. 와인 문화가 우리나라에도 점점 자리를 잡으면서 와인 시음회, 와인 강좌, 여행 프로그램 등이 등장하고 있다. 그런 만큼 전문적인 와인 강의의 필요성도 더 높아진다. 인문적인 시각으로 본 와인 관련 서적이 많이 출간되어 도움을 주고 있다. 이제 인문적인 시각과 함께 과학적인 면도 심도 있게 공부함으로써 와인에 대한 지적 수준을 높이고 아울러 삶의 질을 높이도록 노력해야 한다.

II. 와인 알아보기

1. 와인의 종류

와인의 종류는 참으로 다양하다. 일반적으로 음식과 함께 드는 레드 와인과 화이트 와인 이외에도 축하와 파티의 흥을 돋우는 샴페인, 식전에 마시는 와인, 식후에 마시는 와인이 따로 있는가 하면 고급술로 알려진 코냑, 아르마냐크 등도 와인을 증류하여 만들었기 때문에 와인에 속한다. 같은 종류의 와인이라 할지라도 나라와 지역에 따라 나름대로의 독특한 제조방법으로 양조되기 때문에 와인의 종류도 다양하다.

또한 와인은 나라, 지역, 포도 품종, 포도 수확 연도, 품질 등급, 생산 회사 등에 따라 와인의 특성이 달라지므로 와인의 종류는 수를 셀 수 없다고 말하기도 한다. 와인은 살아 있는 술이라고 하는데 제조과정에 영향을 미치는 요소 이외에 수송, 저장 기간 중에도 계속 변화가 있으므로 엄밀히 말하면 개개의 병이 모두 다른 와인이라고 말하는 와인 애호가들도 있다.

소주 같으면 곡류의 종류, 생산회사의 명칭 등이 다를 뿐 와인과 같이 복잡하지 않다.

이러한 묘한 성격 때문에 와인은 그 종류가 다양하고, 그 용도가 다르고, 취급법이 다르다. 그래서 다른 술과는 달리 와인에 대해서는 공부가 필요하다.

와인은 편의상 몇 가지 기준에 의하여 분류한다. 와인을 분류하는 기준은 사람에 따라 다른데, 가장 흔히 접하는 분류는 색깔에 의한 분류이다.

색깔에 따른 분류

화이트 와인White wine은 무색투명하지만 대부분 연한 황금색을 띤다. 물론 정도에 차이가 있다. 일반적으로 청포도를 원료로 하지만 경우에 따라서는 붉은 포도도를 사용하기도 한다. 처음부터 포도즙을 짜내어 이를 발효시키므로 껍질의 색소와 타닌tannin이 우러나지 않아 떫지 않고, 향이 짙으며, 신맛이 강하면서도 맛은 가벼운 편이다.

레드 와인Red wine은 진한 붉은 색상을 가진 와인을 말한다. 붉은 포도를 원료로 사용하며, 1차 발효 시 포도를 으깬 즙과 껍질과 씨를 함께 발효시키므로 붉은색이 진하고, 타닌 함량이 높아서 맛이 텁텁하고, 향이 진하다.

로제 와인Rosé wine은 분홍색 와인이다. 붉은 포도를 원료로 하나, 붉은색이 약간 우러나올 정도로 몇 시간 혹은 하루 동안 짧게 1차 발효를 시킨 후 다시 즙액을 짜서 발효시키므로 색깔이 연한 분홍색이며 맛은 화이트 와인에 가깝다.

레드 와인 & 화이트 와인 _ 보르도 포도주협회(CIVB), A.Benoit

부탁할 일이 있을 때는 상대방의 기분을 좋게 하여야 하므로 떫은 와인 보다는 달콤한 와인sweet wine이 좋다. 연인들 간에 분위기를 살리려면 아름다운 핑크빛을 띤 단 로제 와인sweet rosé wine이 어울린다.

단맛의 유무에 따른 분류

와인은 단맛에 따라 크게 드라이와 스위트 타입으로 구분하고 그 중간에 미디엄 드라이, 오프 드라이 off-dry 로 더 나누기도 한다.

드라이 와인dry wine은 발효과정에서 당분을 완전히 발효시켜 단맛을 거의 감지할 수 없게 된 와인이다. 드라이의 사전적 의미가 '무미건조한' 또는 '씁쓸한' 이라는 것만 봐도 알 수 있듯이 단맛을 느끼지 못하므로 씁쓰름하고 맛이 없지만 잔당(residual sugar, RS)이 아주 없는 것은 아니어서 드라이한 와인이라도 0.2% 미만의 당은 가지고 있다. 드라이 와인 중에 드라이한 맛이 덜한 것, 즉 단맛이 어느 정도 느껴지는 것(0.5~1%)을 오프 드라이off-dry 또는 세미 스위트semi-sweet 라고 한다.

스위트 와인은 발효과정 중에 당분을 완전히 발효시키지 않고 남겨 두어 단맛이 나게 한 와인이다. 스위트 와인은 잔당이 3~10% 정도 된다.

와인 제조방법에 따른 분류

제조방법에 따라 크게 3가지로 나눈다.

일반 와인 Natural wine은 한글 번역이 어색하지만 발효과정이나 발효가 끝난 후 인위적으로 주정, 향, 탄산가스 등을 주입하지 않은 천연와인이다. 이에 속하는 와인에는 알코올이 9~14% 함유되어 있으며 와인의 발포성 여부에 따라 비발포성과 발포성 와인으로 세분한다.

비발포성 와인Still wine은 병마개를 열 때 거품이 일지 않는 정체된 와인으로 대부분의 와인이 이에 속한다.

발포성 와인Sparkling wine은 발효가 끝난 와인을 병에 담은 후 여기에 다시 설탕과 효모를 첨가하여 한 번 더 병속에서 발효를 시킨 것이다. 병 속에 상당한 양의 탄산가스가 녹아 있어 높은 압력을 형성하기 때문에 병마개를 딸 때 폭발적으로 가스가 튀어나오며 와인이 치솟는다. 우리에게 샴페인이라는 이름으로 익숙한 와인으로, 프랑스의 상파뉴 지방에서 생산되는 샴페인과 이탈리아의 스푸만테가 있다. 발포성 와인에는 일반적으로 우리가 접하는 백색의 샴페인Champagne, 발포성 머스캣sparkling muscat이 있고, 로제에 속하는 핑크 샴페인pink champgne, 적색의 발포성 와인으로 발포성 버건디sparkling burgundy가 있다.

주정강화 와인fortified wine은 스페인의 셰리나 포르투갈의 포트처럼 증류주 주정을 더 첨가하여 알코올 함량을 16~20%로 높인 것이다.

가향 와인flavored wine은 발효 전후에 과실즙, 쑥, 허브 등의 천연향을 첨가하여 향을 좋게 한 와인이다. 베르무트Vermouth가 대표적이며 칵테일용으로 많이 쓰인다.

식사와의 관계에 따른 분류

크게 식전, 식사 중, 식후 와인으로 구분한다.

식사 전에 드는 와인 Appétizer wine 또는 apéritif wine은 식사 전에 식욕을 돋우기 위하여 와인을 마시므로, 산뜻하고 가벼운 셰리sherry나 발포성 와인이 좋다. 와인이 너무 달면 음식의 맛을 감상하는 데 지장을 주므로 피하는 것이 좋다.

보르도 포도주협회(CIVB), P.Cronenberger

식사와 함께 드는 와인 Table wine은 음식을 먹으며 마시는 와인으로, 주문한 요리에 걸맞는 와인을 선택한다. 서양 요리는 여러 가지 요리가 차례로 나오므로 한 가지 요리를 먹고 난 후 다음 요리를 먹기 전에 입 안에 남은 음식을 헹구어내야 다음 요리의 맛을 감상할 수 있다. 다음 요리를 기다리며 한 모금 마셔서 입 안도 깨끗하게 하고 요리의 맛을 돋우는 것이다. 따라서 음식과 조화를 이루어야 한다. 우선 너무 단 것은 피하는 것이 좋다. 음식의 맛이나 향이 진하면 무게가 있는 떫은맛이 있는 레드 와인이 어울리며, 음식의 맛과 향이 연하면 가벼운 화이트 와인이 어울린다. 일반적으로 육류는 여러 가지 양념이 첨가되므로 레드 와인이 좋고, 생선은 맛이 연하므로 화이트 와인이 좋다. 그러나 육류와 생선이 어떻게 요리되었느냐에 따라, 혹은 개인의 취향에 따라 선택할 사항이다.

식사 후에 드는 와인 Dessert wine은 식후에 케이크나 과일과 같은 후식과 함께 들게 되는데 와인이 떫으면 이들 후식의 맛을 망쳐버린다. 따라서 이들 후식과 조화를 이루는 달콤하고 알코올 농도가 약간 높은 포트port나 셰리가 어울린다. 디저트 와인은 일반 와인보다 알코올 농도가 조금 높아 15~21% 정도가 일반적이다.

입 안에서 느껴지는 무게감에 따른 분류

입 안에서 느끼는 무게감을 보디body라고 한다. 입 안에 느껴지는 무게감, 진한 정도를 말하는 보디는 알코올 도수, 당분 함량 및 타닌 함량에 따라 달라진다. 크게 풀 보디드 와인full-bodied wine, 미디엄 보디드 와인medium-bodied wine, 라이트 보디드 와인light-bodied wine으로 나눈다.

풀 보디드 와인은 입안을 무겁게 채워주는 듯한 느낌을 주는 와인을 말한다. 일반적으로 알코올 도수, 당분 함량 및 타닌 함량이 높을수록 입안에서 무게감이 더 느껴진다.

라이트 보디드 와인은 가볍고 경쾌한 맛이 느껴지는 와인을 말한다.

미디움 보디드 와인은 풀 보디드 와인과 라이트 보디드 와인의 중간 정도의 무게감이 느껴지는 와인으로 입 안에서 떫은 듯한 무게감이 느껴지지만 정도가 그렇게 심하지는 않다.

드라이 와인으로 보디가 깊게 느껴지는 것이 고급 와인이라고 말하기도 하는데 이는 반드시 옳은 생각은 아니다. 보디를 느끼게 하는 요소가 여러 가지로 복합적이기 때문에 보디가 높을수록 와인의 품질을 좋게 하는 다양한 향이나 미감을 더해줄 수 있는 가능성이 높을 뿐이지 고급 와인이라고 해서 반드시 보디가 높아야 하는 것은 아니다. 라이트 보디드 와인 중에도 고급 와인이 얼마든지 있으므로 개인의 기호에 따라 고급 와인을 선택해야 한다.

와인을 설명하는 가운데 영 와인young wine, 올드 와인old wine과 같은 영어를 접하게 되는데 이는 와인의 저장기간에 따라 분류한 것으로 영 와인은 1~2년 정도의 숙성, 저장 기간을 거친 다음에 출시되는 와인을 말하며 올드 와인은 5년~15년의 저장기간을 거친 와인을 말한다. 그리고 15년 이상 저장된 고급 와인을 그레이트 와인great wine이라고 하는데 고급 와인이라고 해서 반드시 저장기간이 길어야 하는 것은 아니다(와인 제조 참조).

와인의 분류

기 준	명 칭
색깔	레드 와인 red wine
	화이트 와인 white wine
	로제 rosé wine
식사와의 관계	식사 전 와인 aperitif wine
	식사 중 와인 table wine
	식사 후 와인 dessert wine
와인의 맛	드라이 와인 dry wine
	세미 스위트 semi-sweet 또는 오프 드라이 와인 off-dry wine
	미디엄 드라이 와인 medium-dry wine
	스위트 와인 sweet wine
입안의 무게감(body)	풀 보디드 와인 full-bodied wine
	미디엄 보디드 와인 medium-bodied wine
	라이트 보디드 와인 light-bodied wine
제조방법	일반 와인 Natural wine : 비발포성 와인 still wine 발포성 와인 sparkling wine
	주정강화 와인 fortified wine
	가향 와인 flavored wine

Kenneth Hawkins[3]는 와인 분류를 아주 다르게 하여 와인을 소셜 와인(social wine), 목적와인(purpose wine), 아페리티프(aperitif), 테이블와인(table wine), 디저트와인(dessert wine), 식사후 와인(after dinner wine), 리큐어(liqueur)로 구분하였다.

---

3) Hawkins, K. Home Winemaking. Right Way. pp. 36-42

2. 와인의 명칭
지역 명칭을 따른 와인

구대륙인 프랑스, 이탈리아, 스페인에서는 와인 명칭을 지역 이름으로 표기하는 것이 통례이다. 국가(프랑스), 광역(보르도), 작은 동네나 특정 포도원이 있는 언덕의 이름(Chianti, Pouilly-Fuisse, and Rioja)까지도 와인 명칭으로 사용한다. 예를 들면 샤토 마고Château Margaux는 프랑스 보르도 지방에 있는 메독 지역 마고 포도원에서 생산되는 세계 최상급 와인이다.

이렇게 지방을 나타내는 이름만 봐서는 와인 병 속에 들어 있는 포도에 대한 것을 알 길이 없다. 와인을 마시는 사람 자신이 그 지역에 무슨 포도 품종이 주로 재배되고 있는가를 알아야 한다. 지방 명칭에 익숙한 사람들은 자신이 무엇을 마시는지를 알고 있다. 예를 들면 키안티Chianti에서는 신지오베제Sangiovese, 푸이퓌세Pouilly-Fuisse에서는 샤르도네Chardonnay, 리오하Rioja에서는 템프라니요Tempranillo가 주로 재배된다는 것을 안다.

유럽에서의 포도 재배와 양조는 오랜 역사를 가지고 있다. 수세기 동안 포도를 재배하면서 시험을 통하여 어떤 품종이 어느 지역에서 잘 자라는지를 알게 되었다. 그리고 어느 지역에서 무슨 품종으로 와인을 만들어 좋은 제품으로 평가를 받고 있는지가 확실해졌다. 유럽에서는 와인을 단일 품종보다는 포도 품종 2~3개를 섞어 상품으로 만드는데 샤토뇌프 뒤 파프Châteauneuf-du-Pape의 경우는 13가지 다른 품종을 섞기도 한다.[4]

이와 같이 유럽에서는 혼합 와인이 많이 생산되기 때문에 포도 품종명을 다 명기하지 않더라도 지방을 표시하는 와인명을 보고 유럽 사람들은 혼합 내용도 알게 된다. 와인 품질 관리에 국가가 관여하면서 지역별 포도 생산 및 양조과정에

4) Norwk, B. and B. Wichman. Everything wine book. F+W Publications p43

통제를 받게 되었고, 이렇게 함으로써 어느 지역에서 어느 품종의 포도가 재배되어야 한다는 것이 확실해졌다. 유럽 국가 중에 프랑스가 제일 먼저 이 제도를 도입하여 1935년 원산지 통제 명칭 제도(Appellation d'Origine Côntrolée, AOC)가 실시되었다. 그 내용에는 다음의 사항이 규정되어 있다

- · 전정 시비 등의 재배 방법
- · 기본 면적(acre)당 최대 생산량
- · 최저 알코올 농도
- · 양조방법 등

프랑스 이외의 나라에서도 원산지 통제 명칭 제도가 있으나 프랑스의 AOC보다 제한하는 것이 약하다. 예를 들면 미국의 원산지 명칭 제도인 AVA(American Viticultural Area)에 의하면 지역명으로 와인을 명명하고자 할 때는 그 지역에서 생산되는 포도가 85% 이상 들어 있어야 한다는 것이다. 미국 AVA 명칭의 예는 호웰 마운틴Howell Mountain, 스택스 립Stag's Leap, 루더포드Ruthefor 등이다.

품종 명칭을 따른 와인

유럽 국가(구대륙)들을 제외한 신생 와인 제조국가(신대륙)에서는 포도 생산지보다 품종을 더 중시하여 포도 품종명으로 와인을 말한다.

미국, 남미, 오스트레일리아, 남아프리카공화국 등이 이 제도를 택하고 있다. 미국에서는 와인의 라벨에 가장 크게 표기하는 것이 회사명과 포도 품종명으로, 유럽식과 다르다.

포도 품종명으로 와인을 명명하고자 할 때 해당 품종의 포도 함량이 미국에서는

최소한 75% (AVA 기준) 이상, 오스트레일리아는 80% 이상 함유되어야 하는데 지역 중심의 명칭을 쓰는 유럽국가 AOC에서는 더 엄격하여 한 품종이 85% 이상일 때만 품종명을 딴 와인 명칭을 얻을 수 있다.

그러나 이와 같은 지역명 중심, 품종명 중심의 와인 명명은 점점 양쪽을 아우르는, 지역과 포도 품종을 같이 표기하는 방향으로 발전하고 있다. 즉 유럽산 와인의 주요 수입국은 미국인데 미국인들은 품종명을 모른 채 와인을 마신다는 것을 달가워하지 않기 때문에 유럽의 유명 지역명을 가진 와인도 차차 품종명을 명기하여 수출하는 경향이 증가하고 있다. 또한 미국에서도 좋은 포도를 생산하여 와인을 제조하는 지역에서는 그 우수성을 나타내기 위하여 지역명(AVA)를 표기하기 시작하였다. 그 예가 나파 밸리Napa Valley, 러시안 리버 밸리Russian River Valley와 스택스 립Stag's Leap이다.

그 외로 지어진 이름

브랜드 이미지의 명칭

와인의 명칭은 주로 와인 생산자가 명명한다. 그러나 와인 생산자가 아닌 사람들(회사)이 명명하기도 하였는데 포드Ford가 머스탱Mustang, 장난감 회사 메텔Mattel이 바비Barbie라는 이름을 주었다. 그러나 이것은 와인에 대한 어떤 설명을 주는 것보다 회사brand를 선전하는 목적이다. 이와 같은 명명은 미국에 앞서 유럽에서 이미 오래전부터 사용하여 왔는데 블루 넌Blue Nun, 란세스Lanccers, 마테우스Mateus 등이 그들이다. 이렇게 지어진 이름에는 생각을 일깨우는 명칭도 있지만 웃기는 이름들도 있다. 그 예로 고트 두 롬 'Goat do Roam', 'Cat's Pee on a Gooseberry Bush', 'Fat Bastard', 'Marilyn Merlot'[5]가 있다.

5) Norwak, B. and B. Witchman. 2005. Everything Wine Book(2nd edition). F+W Publication Inc. 45p

Goat do Roam은 '염소가 배회한다' 는 뜻을 가지고 있다.

남아프리카공화국 Paal Vally에 있는 Fairview Winery에서 생산된 우수한 와인(2001년 International Wine Challege에서 은메달을 받았다)으로 프랑스의 유명한 와인 생산지역 코트 뒤 론 〈Côte du Rhône〉과 비슷한 품질이라는 암시의 상표이다.

이 와인의 백 라벨back label에는 그 이름을 가지게 된 사연이 쓰여 있다. 즉 양조장 주인의 장난기 심한 아들과 그의 친구가 양을 우리에서 꺼내어 포도원으로 내보냈다. 마침 커피의 원산지인 예멘에서 배회하던 양떼가 처음으로 커피 열매의 맛을 찾아냈다는 전설이 있었는

데 이 전설처럼 양이 그 포도원에서 가장 좋고 맛있는 포도 열매를 찾아냈다는 데서 이름이 유래되었다.

Fat Bastard는 '똥보 후레자식' 이라고 해석할까?

이 와인은 프랑스산으로 영국과 프랑스의 합작으로 만들고 판매된다.

미국을 비롯한 여러 나라에서는 프랑스식 와인 라벨을 이해하기가 어렵고 샤토, 코트 등의 이름이 매력적이지 않기 때문에 미국을 비롯한 세계 젊은이들을 매료하는 인상적인 상표로 개발된 것이 'Fat Bastard' 이다. Fat Bastard는 인기 영화 '오스틴 파워Austin Powers' 의 주인공인 똥보를 일컫는 말로 'rich and full wine' 이라는 것을 암시한다.

Cat's Pee on the Gooseberry는 '구즈베리 덤불에 지린 고양이 오줌' 이라는 뜻을 가지고 있다. 뉴질랜드 Cooper Creek에서 생산하는 와인으로 젊은이들이 낄낄거리며 좋아하는 상표이다. 많은 사람들이 사이트에 들락날락하며 느낌을 말하는데 이들로부터 별 다섯 개를 받으며 인기를 누리고 있다.

Marilyn Merlot는 'Merlot' 품종으로 만든 와인으로 마릴린 먼로를 연상케 하는 명칭이다.

미국 나파 밸리에서 생산되는 와인이다. 회사명칭도 Marilyn Wine이며 라벨에 마릴린 먼로의 사진을 실어 유명해졌다.

메리티지Meritage

미국이 와인을 제조하기 시작하면서 와인 재배환경이 탁월한 동부 해안선을 따라 포도 재배 집단지가 생겨났다. 그리고 이곳들을 중심으로 조합이 결성되면서 특유의 와인이 제조되었다.

1988년부터 메리티지조합을 결성, 보르도 지역 포도 품종을 재배하여 혼합한 와인으로 그들이 사용한 품종은 전통 보르도 품종인 카베르네 소비뇽Cabernet Sauvignon, 메를로Merlot, 카베르네 프랑Carberne Franc, 페티트 베르도Petit Verdot와 멜베Malbec 또는 소비뇽 블랑Sauvignon Blanc, 세미용Semillon 및 소비뇽 베르Sauvignon Vert이다.

Meritage라는 명칭은 6,000명 이상이 참가한 응모에서 선발된 명칭으로 'merit(우수함)'와 'heritage(전통, 유산)'의 합성어이다. 메리티지라는 상표를 표기하기 위해서는 다음과 같은 기준에 부합되어야 한다.

· 와인은 보르도 품종 중 2개 이상이 혼합되어야 한다.
· 블렌딩을 할 때 한 품종이 90% 이상 사용될 수 없다.
· 와인 제조사 제품 중 가장 비싼 것이어야 한다.

3. 와인 병의 라벨에는 무엇이 있는가?

와인 병에 붙은 라벨은 다른 술의 경우와 달리 아주 복잡하다. 여러 가지 정보가 들어가 있기 때문에 복잡하고 어렵긴 하지만 와인 병에 붙은 라벨을 읽을 줄 알면 그 와인에 대한 대부분의 정보를 알게 되어 와인을 선택할 때 어려움을 덜어준다.

나라마다 라벨 쓰는 방법이 조금씩 다르지만 기본적으로 사용된 포도 종류, 생산 연도, 생산지 및 생산자의 명칭, 경우에 따라 와인 품질 등급 등이 명기되는데 그 내용은 다음과 같다.

와인 양조장명 또는 상표

와인을 양조한 양조장 이름이나 회사 상표

와인 명칭

구대륙에서는 산지명, 신대륙에서는 포도 품종명이 와인의 명칭이 된다. 라벨에 품종에 관한 내용이 없으면 이는 두 가지 이상의 포도 품종이 섞인 혼합와인이라고 추정할 수 있다. 와인 명칭이 포도 품종으로 기록되었다면 그 병에 들어 있는 와인은 75% 이상이 명기된 품종에서 얻은 것이라는 뜻이다(미국의 경우). 유럽은 와인 명칭을 지역명으로 한다.

포도 산지명

구대륙산 와인은 산지명만으로도 무슨 포도로 만들어졌는지 알기 때문에 병에 반드시 산지명(appellation or growing area)을 기록해야 한다. 그러나 신대륙에서는 산지명을 꼭 기록하지는 않는다. 그렇지만 라벨에 산지명을 기록한다는 것은 대단한 가치를 나타내는 것이다. 예를 들면 미국의 포도 주산지인 나파 밸리Napa Valley라 표기됐다면 원산지 표시(AVA) 기준에 의하여 그 병에 담긴 포도의 85% 이상이 나파 밸리에서 생산되었고, 특정 포도원이 기록되어 있으면 95% 이상을 그 포도원에서 생산했다는 말이다.

빈티지|vintage

포도 수확 연도를 뜻하는 말로 와인의 품질을 결정하는 포도 생산 연도의 기후를 알 수 있게 하는 표시이다. 기후, 토양, 강우량과 같은 자연 조건과 사람의 기술이 와인의 질을 결정하는 중요한 요소이기 때문에 수확 연도에 따라 품질이나 맛이 달라진다는 것이다. 기후 변동이 심한 프랑스, 이탈리아, 독일 등의 유럽국 기후는 해에 따라 큰 변동이 있지만 미국이나 오스트레일리아 같은 신흥 와인 생산국 기후는 상당히 안정적이므로 와인 질이 수확 연도에 따라 크게 변동하지는 않는다. 따라서 빈티지가 유럽산 와인에서는 중요하지만 미국 와인 등에서는 별 의미가 없다.

미국 와인에 빈티지가 표기되었다면 그 와인의 95%가 해당 연도에 생산된 것이다. 반면 와인 생산 연도가 다른 것을 서로 혼합해 만들어낸 와인은 빈티지를 아주 적지 않거나 'nonvintage(NV)' 라고 표기한다.

빈티지가 와인의 품질을 말할 수 있다는 것은 너무도 단순화된 생각이다. 구대륙의 기후는 해에 따라 변동이 크지만 지역에 따라서도 아주 다르고, 같은 지역이라 하더라도 포도원마다 다를 수 있다. 또 같은 기후에서도 포도원의 위치(평지, 산기슭, 언덕 위 등)에 따라 반응이 다르다. 또 포도 품종에 따라 기후에 반응하는 것이 다를 수 있다. 즉 카베르네Carbernet는 껍질이 두껍고 견고한 반면, 피노누아Piont Noir는 껍질이 얇고 약하기 때문에 이들이 모두 같은 기후에 같은 반응을 보이지 않는다. 그러므로 빈티지 하나로 단순화할 수 없다. 그렇더라도 유럽산 와인의 질을 가늠하는 데 도움이 되기 때문에 와인 애호가들은 빈티지 차트vintage chart를 애용하기도 한다.

알코올 농도

알코올 농도를 라벨에 적어야 한다. 특히 14%가 넘는 와인은 강화 와인으로 분류되어 주세를 높게 내야 한다.

입병자 및 생산자 명칭

입병자 및 생산자 명칭을 기록한 것을 보면 약간의 혼란이 올 수 있으므로 그 내용을 정확히 이해할 필요가 있다.

"Bottled by"라는 것은 양조는 다른 사람이 했다는 뜻이다.

"Produced and bottled by"란 입병자가 입병된 와인의 75% 이상을 생산했다는 뜻이다.

"Made and bottled by"란 입병된 와인의 10% 이상을 입병자가 만들었거나 와인의 상태를 변경시켰다는 뜻이다. 즉 예를 들면 일반 와인still wine을 발포성 와인으로 만들었다는 뜻이다.

"Cellared", "vintaged", "prepared"는 양조자가 발효 후 저장기간 중에 저장고 처리(cellar treatment)를 했다는 뜻이다.

"Blended and bottled by"란 양조장에서 같은 타입의 와인을 혼합했다는 뜻이다.

"Estate bottled" 또는 "Grown, produced, and bottled by"란 자신의 농장에서 포도 재배에서부터 와인 양조까지 하여 포도 재배에서 와인 생산까지의 전 과정을 양조자가 책임을 지고 있다는 것이다. 더 나아가 포도 재배 농장과 와인 양조장이 라벨에 표기된 것과 같은 포도 재배 지역이어야 한다.

생산자의 이름이 나라에 따라 달라 미국을 비롯한 신대륙에서는 생산자가 양조

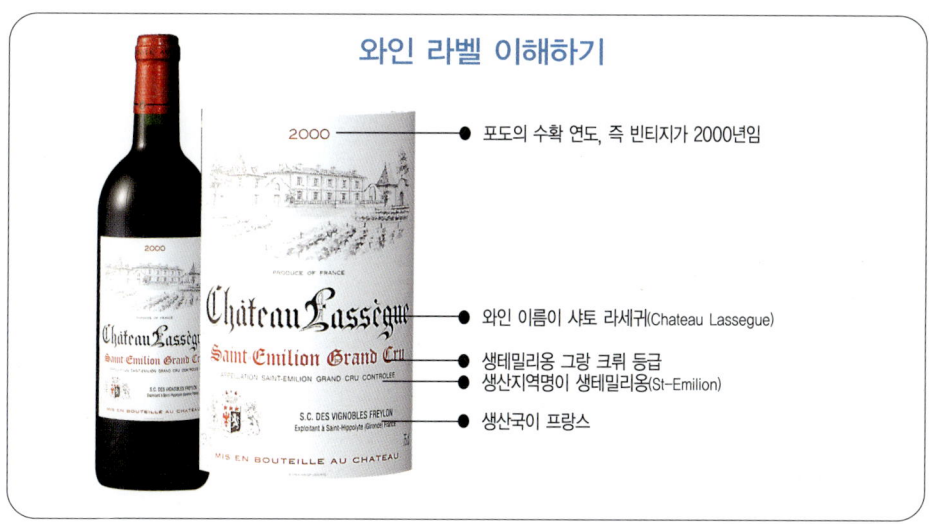

와인 라벨 이해하기

2000 ●———— 포도의 수확 연도, 즉 빈티지가 2000년임

●———— 와인 이름이 샤토 라세귀(Chateau Lassegue)

●———— 생테밀리옹 그랑 크뤼 등급
●———— 생산지역명이 생테밀리옹(St-Emilion)

●———— 생산국이 프랑스

장winery인데 반하여 프랑스의 보르도bordeaux에서는 포도원이 있는 곳을 성을 뜻하는 샤토chateau라는 단어를 주로 쓰고, 부르고뉴에서는 영지라는 뜻의 도메인domain, 독일과 이탈리아 및 스페인은 사유지를 뜻하는 에스테이트estate로 표기한다. 이와 같이 생산자를 각기 다르게 표현하지만 각 생산자는 고유의 특성을 가지고 있으므로 와인 생산자의 명칭을 알면 라벨에 나와 있지 않은 와인의 품질에 대한 정보까지 알 수 있다. 이는 쉬운 일이 아니지만 유럽인들은 와인을 마신 지 오래되었기 때문에 이런 내용에 대하여 숙지하고 있다. 반면 우리들과 같은 초보자들은 학습을 통하여 좋은 와인 생산자를 배우게 된다.

그 이외에 품질 등급표시(와인의 품질 참조), 용량, 아황산염sulfite 함량, 과음시 피해에 대한 경고문 등이 함께 표기된다. 그 중 아황산염은 발효시 잡균 발생을 억제하는 화학물질로 인체에 해롭기 때문에 그 함량이 10ppm 이상 포함된 경우에는 "contains sulfite"라고 표기할 것을 권장한다. 와인 용량을 표기할 때 대부분의 병에는 와인이 750ml 들어가기 때문에 특별히 적지 않기도 하지만 표준병이 아닌 경우에는 꼭 용량을 표시한다.

라벨 디자인

와인 병에 붙는 라벨 디자인은 다양하다. 나파 밸리산 'Marilyn Merlot'에는 마릴린 먼로의 사진이 들어 갔다. 그 와인의 명산지인 프랑스 보르도의 메독지역 포이악 마을에서 생산되는 샤토 무통 로칠드Chateau Mouton Rothtschild는 세계 최상급의 와인을 생산한다는 것 이외에 1945년 이래로 라벨 디자인으로 세계의 유명한 현대화가들의 오리지널 작품을 이용한다는 것이 샤토 무통 로칠드를 독특하게 만든 요인이다. 따라서 샤토 무통 로칠드의 수집은 현대회화의 걸작선이 된다.

4. 와인의 품질

와인의 품질은 특유의 복합적인 향과 맛으로 평가 받는다. 와인의 맛과 향을 결정하는 것은 포도 품종, 포도 재배지의 토양과 기후 및 와인 양조 방법, 후숙 과정 등의 기술적 요인이다. 따라서 와인을 생산하는 나라 간에 경쟁이 심하며 나라마다 자국 와인의 명성과 품질을 유지하기 위하여 독특한 통제제도를 시행하고 있다.

프랑스 와인 등급

프랑스는 고급 와인의 명성을 유지하기 위하여 1935년부터 원산지 통제법(와인의 명칭 참조)을 제정하여 품질을 관리하고 있다. 이 법의 취지는 포도가 자연재해나 병원균 창궐 등으로 인하여 유명 지역의 포도가 흉작이 되어 포도가 부족할 때 타 지역의 포도를 구입하여 유명 지역의 와인으로 만들어 판매하게 되면, 결과적으로 구매자를 속이는 일이 되므로 이를 방지하기 위한 것이다. 이와 같은 제도는 여러 나라에서 시행되어 포도 등급을 정하고 있다.

프랑스 와인은 4등급으로 나뉜다.

최상급 : 아페라숑 드 오리지느 꽁트롤레 Appelleattion de Orgine Controlee(AOC)

원산지 통체 명칭으로 프랑스에서 가장 우수한 품질의 와인에 주어지는 표식이다.

상 급 : 뱅 델리미테드쿠알리테슈퍼리에 Vin Delimites de Qualite Superieure(VDQS)

AOC 와인보다 한 등급 낮은 와인

중 급 : 뱅 드 페이 Vin de Pays

중급(3등급)에 속하는 와인으로 지역명 와인을 뜻한다. 생산자의 보증마크가 표기되며 원산지를 표시할 수 있다는 것이 테이블 와인과 구분된다.

하 급 : 뱅 드 타블Vin de Table

최하위급 와인으로 식사 중에 마시는 대중적인 와인이다. 어느 음식이나 잘 어울리고 가격이 싸다는 장점이 있으나 라벨에 원산지나 사용된 포도 품종명이 기록되지 않는다.

프랑스 와인은 4등급으로 나뉘는 것이 기본이나 와인 생산지에 따라 독특한 등급으로 분류하여 와인 품질의 우수성과 독특성을 부각시키나 복잡한 시스템을 가지고 있어 혼돈되기 쉽다(프랑스 와인 참조).

프랑스의 특급 와인 주산지인 보르도에서는 AOC 표시 이외에 지명을 표시하는 와인, 소유자를 표시하는 와인, 포도원명을 표시하는 와인의 3등급으로 구분하여 각 곳의 특징과 명성을 부각시키고 있다.

지명 표시 와인Regional Wine

프랑스 남서부 보르도 지역의 와인 원산지명을 표시하는 와인으로 메독Medoc 지역 원산, 생테밀리옹Sainte-Emillion 지역 원산, 소테른Sauternes 지역 원산 등으로 표기한다.

소유자명 표시 와인Proprietary Wine

보르도 지역에서도 대대로 유명 와인을 만들어내는 생산자나 소유자 혹은 그들이 정한 명칭을 표기한 것으로 와인의 탁월성을 나타내는 표시이다. 지명 표시 와인보다 대체적으로 맛이 좋지만 그만큼 가격이 비싸다. 무통 카테, 동 빼리뇽Dom Perignon 등이 여기에 속한다.

샤토 와인Château Wine

샤토란 원래 성을 뜻하는 것으로 예전에 성을 중심으로 성주의 포도원이 조성되었던 것에서 유래하여 포도원 명칭에 샤토라는 명칭을 쓴다. 라벨에 샤토라고 표시된 것은 그 샤토에서 재배된 포도로 와인을 제조하여 포장까지 하였다는 뜻이다. 원산지 표시가 대지방(보르도), 지역(메독), 소지역(포이약)의 특정 포도원(샤토 예:무통 로칠드)으로 축소되면서 와인의 품질이 더 고급으로 인정을 받는다. 샤토마다 전통이 있고, 독특한 특성을 가지는 고급 와인을 생산하는 것을 명예로 안다. 샤토 이외에 도메인, 크뤼, 크로가 모두 포도원을 뜻하는 단어인데 지역, 포도원에 따라 다른 단어를 선택한다

이탈리아 와인 등급

최상급 : DOCG(Denominazione di Origine Controllata Garantita)

정부에서 보증(garantita)하는 최상급 이탈리아 와인이다.

바롤로, 바르바레스코, 브루넬로 디 몬탈치노, 비노 노빌레 디 몬테플치아노, 키안티 클라시코 등이 이에 속한다.

상 급 : DOC(Denominazions de Origine Controllata)

원산지 통제를 받는 원산지에서 제조한 와인을 말한다.

중 급 : IGT(Indicazione Geografica Tipica)

프랑스의 지역명 표시 와인(뱅 드 페이)와 같은 급이다.

하 급 : VDT(Vino da Tavola)

뱅 드 타블과 같은 급이다.

독일 와인 등급

독일 와인도 국가의 통제를 받아 4등급으로 구분하지만 프랑스와 이탈리아의 원산지 중심 등급제와는 조금 다르다.

최상급 : QmP(Qualitätswein mit Prädikat)

상　급 : QbA(Qualitätswein bestimmter Anbaugebiete)

중　급 : Land Wein

하　급 : Tafel Wein

독일에서도 포도 생산지는 중요하여 포도 재배 지역에 따라 품질이 보장되고 있다. 라인가우, 모젤, 라인헤센 그리고 팔츠Pfalz가 우수 지역으로 인정받는다.

신대륙 와인 등급

유럽은 AOC법 등을 제정하여 전통적으로 포도 재배, 와인 제조방법 등을 규제하고 있지만 미국, 오스트레일리아와 같은 신생 와인 생산국에서는 특별한 통제를 하지 않는다. 이 나라들은 와인 제조자별로 품종을 선발하여 새로운 재배기술, 양조기술을 이용하여 실험을 통한 품질 좋은 다양한 와인을 생산하고 있다. 특히 미국인들의 도전정신과 캘리포니아 주립대학을 중심으로 한 연구진의 포도 품종개량, 양조법 개선 등의 폭넓고 깊이 있는 연구가 미국을 신생 와인 국가로서 최고의 자리뿐 아니라 구대륙을 넘어 세계 최고의 자리를 차지하게 하였다.

미국에도 프랑스의 AOC 제도와 같은 AVA(The Appellations as Viticultural Areas)가 있으나 유럽에서와 같이 그 적용이 엄격지는 않아 품질을 말하는 절대적인 기준이 되지 못한다.

5. 와인의 품질을 확인하는 와인 시음Tasting wine

와인의 품질은 와인을 눈으로 보고, 코로 냄새를 맡고, 혀와 목구멍을 통하여 맛을 보면서 평가한다. 전문가들은 이들 감각 기관이 정확히 판단할 수 있도록 훈련을 받아 그 정확성을 높인다. 세계적인 와인 품평가들은 훈련을 받지만 그 이전에 타고난 감각의 예민성을 세계적으로 인정받은 사람들이다.

사진제공 보르도 포도주협회(CIVB), A.Benoit

우리가 와인을 즐길 때도 전문가들과 똑같은 방법으로 우리들의 감각기관을 이용하여 맛을 음미해야 한다. 근간에는 국내에서도 외국 와인 생산국이 주체가 되어 시음회가 자주 열리고, 외국을 여행할 때도 포도원이나 와인 양조장winery을 방문하게 되면 시음 기회가 있다. 이때 시음에 관한 지식이 없으면 무엇을 음미해야 할지 난감해진다. 또한 와인을 대할 기회가 많아지는 요즈음, 와인의 진정한 맛을 즐기기 위해서는 우리도 전문가의 감각을 익히도록 노력할 필요가 있다.

시음과 감각기관

시음 과정 중에 특히 중요한 감각기관은 냄새를 맡는 코와 맛을 감지하는 혀다. 특히 후각기관인 코는 놀라운 감각기관이다. 150만 개의 후각세포로 구성된 코는 10,000개의 다른 냄새를 감지할 수 있고 보통 사람도 훈련에 의하여 1,000개 정도의 냄새를 식별하고 그 농도를 구분할 수 있다고 한다.[6]

우리가 와인을 즐기는 것은 주로 냄새(향) 때문이다. 와인에는 200개 정도의 냄새를 내는 물질이 있다고 한다.

우리가 맛이라고 느끼는 것도 많은 경우에 냄새때문인 경우가 있다. 와인의 향은 두 경로로 감지하게 된다. 그 하나는 콧구멍을 통하여 바로 후각세포로 전해지고 다른 하나는 입 안에 물고 있는 와인이 입 안의 온기에 의하여 증발되는 향이 목구멍을 통해 후각세포에 전해진다. 때문에 와인의 맛을 음미(시음)할 때는 마시기 전에 코로 우선 냄새를 맡고 와인을 한 모금 입에 물고 다시 한 번 향을 느끼면서 그 향의 특징과 향의 깊이를 감지하도록 한다.

와인의 향을 감지하는 능력은 사람에 따라 다르고 온도, 공기에 노출된 시간 등과 같은 외적 조건에 따라 다르기 때문에 정확한 평가를 위해서는 준비과정이

6) Baldy, M. W. 1997. The University Wine Course. The Wine Appreciation Guild. 21p

필요하다. 또한 감지한 향을 적당한 말로 표현해야 하는 데 어려움이 있다. 이에 도움이 되는 것이 미국 캘리포니아대학교(University of Califonia, Davis)의 노블 박사가 작성한 아로마 휠aroma wheel이다.

와인 향을 3단계 수준으로 표현하였는데 그 종류가 100여 가지가 넘기 때문에 전문가들에게도 정확한 분별이 어렵겠지만 두 번째 단계인 냄새까지 찾아내도록 노력하면서 와인의 풍미를 즐기도록 한다. 와인의 맛은 혀가 알아본다. 혀는 다양한 맛을 감지하지만 기본적으로 단맛, 신맛, 짠맛, 쓴맛의 4가지 맛을 기본으로 감지하면서 다양한 맛의 인식하게 된다.

단맛

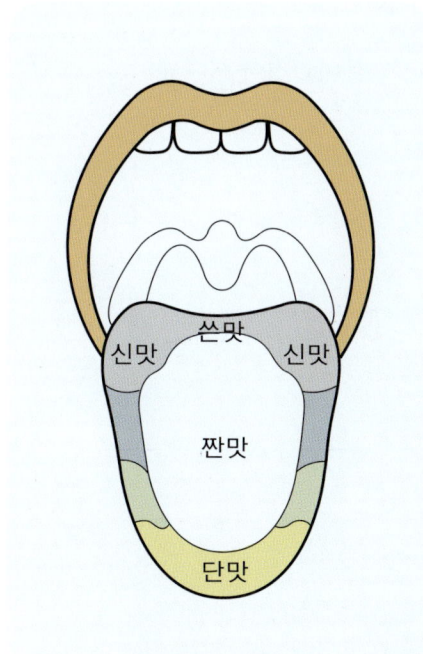

단맛은 혀의 앞부분에서 감지되는데 모든 사람이 좋아하는 맛이다. 와인 잔이 입에 닿는 테두리 부분이 많이 휘어지면 와인이 혀 앞쪽에 쉽게 닿게 되어 단맛을 먼저 느끼게 되므로 떫은맛의 와인도 훨씬 부드러워진다.

신맛

신맛은 혀의 양옆 부분에서 감지되며 신선함을 느끼게 한다. 우리들 대부분은 음식이 약간 신맛이 날 때 맛있다고 느끼고 산도(pH)가 높아 신맛이 덜 나는 와인은 밋밋하고 단순하다고 느낀다.

짠맛

혀 중간의 비교적 넓은 부위에서 감지하는 짠맛은 와인에서는 별로 느낄 수 없는 맛이다. 간혹 레드 와인에서 떫은맛과 함께 살짝 느껴지기도 한다.

쓴맛

혀의 가장 깊숙한 곳에서 감지되는 것이 쓴맛인데 와인의 타닌에서 오는 떫은맛은 이 부위에서 느껴진다. 이와 같이 맛의 요소를 혀의 각각 다른 부위에서 느끼기 때문에 와인의 참맛을 알아보기 위해서는 와인이 혀에 닿으면 곧 삼켜버릴 것이 아니라 입 안 전체에 고루 퍼져 향과 맛을 충분히 감지할 수 있도록 입안에서 돌리면서 천천히 충분히 음미하도록 한다.

시음 준비과정

전문가들도 와인을 정확히 평가하기 위하여서는 준비과정이 필수적이다.

| 와인잔 |

튤립 모양이고 클 것

얇은 유리잔

깨끗하고, 색깔이 없는 투명한 것

세제로 완전히 씻어 내고, 탈수 건조시킨 것

| 와인 |

각 와인에 적합한 온도를 유지할 것

발포성 와인과 화이트 와인은 저온(7℃)

달지 않은 화이트 와인과 로제 와인, 가벼운 레드 와인은 중온(10℃)

식사용 레드 와인은 실온(15℃)

| 맛보는 순서 |

화이트 와인 다음 레드 와인

달지 않은 와인 다음 단 와인

햇 와인 다음 묵은 와인

시음 요소

시음을 할 때는 와인의 질과 특성을 판정할 수 있는 외관, 색깔, 냄새, 맛을 보면서 섬세하고 독특한 맛과 풍미를 경험해본다.

외관 Appearance

와인 잔을 바로 세우고 밝은 불빛을 배경으로 관찰한다.

투명도 clarity

와인은 맑고 깨끗해야 한다. 이는 눈에 보이는 매우 작은 입자도 없다는 것을 의미한다. 와인이 투명하지 못하고 탁하면 작은 입자가 부유하고 있다는 것을 의미하며, 냄새나 맛이 비정상적일 수가 있다.

공기방울 bubbles

와인을 잔에 따랐을 때 탄산가스 공기 방울의 유무도 관심 있게 관찰한다. 고품질 발포성 와인에서는 오랫동안 공기방울이 생기는데 이 방울 크기는 작다. 갓 만들어진 와인에도 공기방울이 잔 주위에 생길 수도 있다. 이는 발효과정에서 생긴 탄산가스가 남아 있기 때문이다.

와인눈물tear, leg, arches

와인을 잔에 따른 후 흔들었다가 가만히 놓아두면 잔 옆에 와인이 눈물방울처럼 흐른다. 와인에 들어 있는 알코올이 물보다 먼저 증발하기 때문에 생기는 현상이다. 따라서 알코올 농도가 높을수록 방울은 작아진다.

침전물crystal

모래 혹은 유리조각과 같은 침전물이 병 밑에 혹은 병 옆면에 생긴다. 특히 저온 보관된 화이트 와인에서 나타난다. 이는 포도에 함유되어 있는 주석산염이 저온에 의하여 침전된 것으로 무해하다. 와인을 따를 때 잔에 들어가지 않게 조심하면 된다.

색깔Color

흰색 배경으로 와인잔을 들고 약간 기울여서 끝 부분의 색도를 관찰한다. 여러 가지 와인의 색을 비교하려면 흰색 바닥에 잔을 놓고, 동일한 깊이로 와인을 각각 따른 후 위에서 색도를 관찰한다.

화이트 와인 White wines

색깔의 진한 정도를 보면 거의 무색에 가까운 색에서 갈색에 가까운 색까지 있다.

무색(colorless) 화이트 와인에서 무색에 가깝게 색깔이 옅으면 원료인 포도가 미숙상태였든지, 혹은 너무나 많은 색깔 보존제(주로 아황산염)를 사용하였기 때문이다. 후자의 경우는 술에서 약한 성냥 냄새가 난다.

연한 녹황색(Light yellow-green) 저온지방에서 생산되어 갓 나온 식사용 화이트 와인이다. 푸른빛을 띠는 이유는 저온지방의 포도가 엽록소를 포함하고 있기 때문이다. 고온지방 포도는 푸른빛을 띠지 않는다.

연한 황색(Light straw yellow) 대부분의 달지 않은 식사용 화이트 와인의 전형적인 색깔이다.

약간 진한 황색(Medium yellow through light gold) 단맛이 있는 식사용 화이트 와인(sweeter table white wine) 즉 보트리티스Botrytis, 레이트 하비스트 와인late harvest wine을 대표하는 색이다. 일반 화이트 와인으로서 약간 진한 황색빛을 띤다는 것은 오랜 기간 저장되었다는 것을 나타낸다.

갈색(Brown) 일반적으로 식후 화이트 와인, 즉 셰리 등의 색깔이다. 그러나 일반 화이트 와인이 갈색이면 와인 제조 과정에서 공기에 노출되어 산화작용이 지나치게 일어났다는 말이다. 또 다른 경우는 병입한 지 지나치게 오래되었다는 말이다. 이런 와인에서는 산화된 좋지 않은 냄새가 날 수가 있다.

정상적인 색깔 범위 내에서 색이 진할수록 늦게 수확된 포도를 사용한 것으로 당도가 높거나 혹은 알코올 농도가 높다.

레드 와인Red wines

레드 와인 색깔은 분홍색에서부터 진한 붉은색까지 분포되어 있다.

분홍색(pink) 로제 와인이거나 붉은색 포도로 만든 레드 와인 색깔이다.

진한 자주색(dark purple) 매우 최근에 제조된 햇 와인이나 혹은 미성숙 와인이 띠는 색깔이다.

연한 적색(light red) 일반적으로 가벼운 와인이 띠는 색깔이다.

중간 적색(medium red) 식사용 레드 와인의 전형적인 색깔이다.

진한 적색(dark red) 포트port, 혹은 늦게 수확한 포도로 제조된 식사용 와인이 띠는 색깔이다.

적갈색(red-brown) 병 속에서 장시간 저장된 와인의 색깔이다. 완전히 갈색으로 변하였다면 레드 와인으로서 수명이 다한 것으로 간주한다.

냄새Odor

가능하면 화장을 하지 않고 음미해야 한다.

와인을 따른 후 잔을 흔들지 말고 코를 잔 위에 가깝게 한 후, 빠르고 깊게 숨을 들이쉬어 냄새를 맡는다. 다음에 잔을 들고 1~2회 회전시킨 후 코를 잔에 바짝 대고 1~2회 짧고 깊은 숨을 쉬어 냄새를 맡는다. 와인에 포함된 휘발성 물질의 양은 와인의 약 0.1% 정도로 매우 적은 양이다. 그러나 이것은 와인의 특성과 품질을 결정하는 매우 중요한 요소이다. 와인 평가의 70% 이상이 향기로 결정되는데 다음과 같이 3가지로 분류한다.

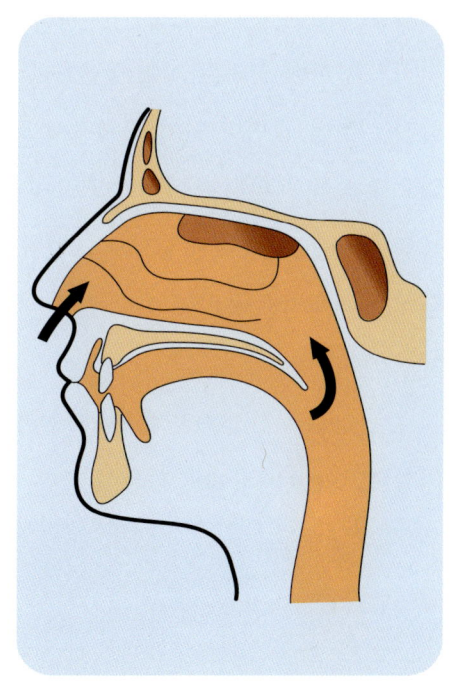

나쁜 냄새(off odors) 건실한 와인 향 이외의 냄새를 말한다.

이들은 미생물 번식, 산화물질의 생성, 화학물질 및 흙의 오염 등의 결과이다.

방향(aroma) 각 포도 품종의 특유한 냄새를 말하는데 주로 과일 향으로 표현한다.

숙성향(bouquet) 와인 발효과정에서 부가적으로 생기는 향기를 말한다.

발효향(fermentation bouquet) 발효에서 생기는 향으로 효모 향이 여기에 속한다.

참나무 통 숙성 향(oak-aging bouquet) 와인을 참나무 통에서 숙성시킬 때 통에서 우러나오는 물질과 극소량의 산소, 포도 향이 합쳐져서 나오는 향기이다.

병 향(bottle bouquet) 와인이 병에 담겨서 숙성될 때 만들어지는 조화롭고 복합적이며 순한 향기이다.

샴페인 숙성향(Champagne bouquet) 전통 샴페인 제조 방법으로 제조된 샴페인에서 나는 효모와 결합되어 나는 향기이다.

맛Taste

와인을 약간(약 큰 숟가락 하나 정도 양) 입에 넣은 후 와인을 혀의 모든 부분에 고루 퍼지도록 하여 여러 가지의 맛을 보도록 한다. 씹는 움직임을 하면 도움이 된다. 약간 시간을 끌면 와인이 더워져서 더욱 깊은 맛과 향을 느낄 수 있다. 다음에 입으로 숨을 서서히 들이키고 코로 숨을 내쉬면 또 다른 향을 맡을 수 있다. 이때 필히 얼굴을 아래로 숙일 것. 그렇지 않으면 숨을 들이쉴 때, 와인이 숨관으로 들어가 재채기를 유발할 수도 있다.

산도(Acidity) : 신맛을 말한다. 와인은 적당히 신맛을 가져야 청량한 맛을 느낄 수 있고, 와인 저장에도 도움이 된다. 신맛을 3종류로 표시한다.

Flat wine : 신맛이 부족한 와인
Tart : 적당한 신맛
Green wine : 지나치게 신맛이 나는 와인

단맛(sweetness) : 와인의 단맛 정도를 말하며 다음과 같이 표현한다.

> Dry : 단맛을 느끼지 않는 정도
> Low, medium, high sugar : 점점 단맛이 증가를 표현
> Sweetish : 약간 지나치게 단맛
> Cloying : 너무 지나치게 달아서 싫을 정도의 단맛

균형(Balance) : 와인의 신맛과 단맛이 적당히 균형을 이루는 것을 말한다. 그러나 단맛에 비하여 신맛이 지나치게 많다든지, 혹은 적은 경우는 맛의 불균형(unbalance)이라 한다.

화이트 와인의 맛은 주로 신맛과 단맛의 균형에서 결정된다.

단맛은 설탕의 단맛과 같이 밋밋한 단맛이 아니라 과일이 익을 때 나오는 감미롭고 달콤한 맛을 말한다. 산도(acidity:A)와 감미로움(mellowness:M)정도를 축으로 나타내 드라이한 화이트 와인은 산도는 높으나 감미로움이 적은(A^+M^-) 반면 스위트 와인은 감미로움은 높으나 산도가 낮은(A^-M^+) 부류이고 화이트 와인에서 산도도 낮고 감미로움도 낮으면(A^-M^-) 맛이 얇고 풍미가 적어 별로 흥미를 끌지를 못하는 와인으로 취급된다.

레드 와인의 맛의 균형은 산도와 감미로움, 그리고 타닌의 정도로 이루어진다. 익지 않은 감이 떫은 것은 타닌 성분이 높기 때문으로, 익으면서 타닌 함량이 줄어 떫은맛이 덜해진다.

와인 제조 과정에서 화이트 와인은 타닌이 많이 함유된 포도 껍질을 제거하고 포도즙으로 양조를 하는 반면 레드 와인은 껍질을 함께 넣어 양조하기 때문에 자연히 레드 와인에 타닌 성분이 많다.

레드 와인이 화이트 와인보다 타닌으로 인해 더 텁텁할 뿐만 아니라 산도와 당도도 상대적으로 낮아 밋밋한 맛을 가질 수 있으므로 레드 와인의 맛을 균형 있는 무게로 조절해준다. 그러나 타닌 함량이 너무 높으면 오히려 맛이 떨어지므로 신맛, 단맛, 타닌의 3요소가 적당한 조화를 이룰 때 맛이 풍부한 레드 와인 생산된다.

레드 와인 맛을 결정하는 3요소

쓴맛(bitterness) 햇 레드 와인young red wine에서 흔히 나타나는 맛. 숙성시간이 오래되면 없어진다.

떫은맛(astringency) 와인에 함유된 타닌에서 오는 맛으로 타닌에는 입안을 건조하게 하는 성분이 있다. 따라서 떫은맛이 나는 것이다. 떫은 정도에 따라서 smooth, rough, very rough로 표현한다.

묵직한 맛(Body) 입 안에 가득 찬 느낌 혹은 중후한 느낌을 말한다. 이는 알코올 함량과 추출물질(참나무 통에서 우러나오는 물질, 혹은 발효 후 잔당)의 양과 관계가 깊다. 진한 맛의 정도에 따라 다음과 같이 표현한다.

| Thin : 각 와인의 보편적인 진한 맛보다 가벼운 느낌을 말하며, 워터리watery라고도 한다.
| Low(혹은 light) body : 전형적인 드라이 레드 와인을 말하며, 당도가 낮은 화이트 와인과 로제 와인이 이에 속한다.
| Medium body : 당도가 낮은 레드 테이블 와인과 화이트 테이블 와인이 여기에 속한다.
| High(혹은 heavy) body : 매우 단 와인으로 주로 늦게 수확한 포도로 만든 와인과 보트리티스에 감염된 포도로 만든 와인, 단맛의 강화 와인에 쓰인다.

블라인드 테이스팅Blind Tasting

미국이 세계 최고의 와인을 생산한다고 인정받게 된 것은 기존 선입견을 극복할 수 있는 블라인드 테이스팅의 결과이다. 파리에서 와인숍과 아카데미를 운영하던 영국인 스티브 스퍼리어는 캘리포니아 와인의 품질이 뛰어난 것을 확인하고 미국산 와인과 프랑스산 와인을 비교하면 어떤 결과가 나올까 하는 호기심을 가졌다. 1976년 그는 프랑스인만으로 구성된 평가단을 조직하여 샤르도네의 화이트 와인과 카베르네 소비뇽 레드 와인의 맛 대결을 가졌다. 프랑스산 와인이 단연 우수할 것이라는 예상과는 달리 화이트 와인에서는 캘리포니아산의 샤토몬텔레나Chateau Montelena 1973년산이 최우수 와인으로 선정되었고 상위 10위에 미국산 와인이 6개를 차지한 반면 프랑스산은 4개에 그친 엄청난 결과가 나왔다. 레드 와인의 경우에도 1위가 캘리포니아산 스택스 립 와인 셀라(Stag's Leap Wine Cellars) 1973년산이 1위를 차지하였고 상위 10위 안에 캘리포니아산 와인이 6개나 들었다. 이 결과에 대하여 많은 논란이 있어왔지만 30년 후인 2006년 재대결을 벌인 앙코르 시음에서 1971년 캘리포니아산 레드 와인 리지 빈야드 몬테 벨로Ridge Vineyard Monte Bello가 1위를 차지함[7]으로서 그 동안 있어왔던 논란을 잠재우고 캘리포니아산 와인의 우수성을 재확인했다.

7) 조정용, 2006, 올댓와인, 해냄출판사. 65p

Ⅲ. 포도와 와인 제조

사진제공 보르도 포도주협회(CIVB), Ph. Roy

1. 포도의 품질에 영향을 미치는 자연 조건

와인의 품질은 포도나무가 자라는 곳의 환경인 자연적 조건과 원료 포도의 품종 선택, 과수원의 관리 특성, 발효 방식, 조제 방식, 숙성 조건 등의 인위적인 조건에 영향을 받는다.

와인의 재료가 되는 포도 재배의 역사는 서양의 역사와 함께한다. 지금까지의 경험에 의하면 포도는 이론적으로 포도 재배 기간인 4월부터 10월 사이의 평균 기온이 60°F(15.6℃)에서 66°F(18.9℃)가 되는 지역에서 재배가 가능하다.[8]

그러나 재배가 가능한 온도 지역에 속한다 하더라도 포도가 재배되는 바로 그 지역의 자연적 특성에 따라 포도의 품질이 크게 달라지게 되는데 이와 같은 자연환경을 유럽의 포도 주산지에서는 테루아르terroir라 하여 와인의 품질을 결정하는 가장 중요한 요소로 생각한다.

8) Smith, B. H. 2005. The Sommelier's Giude to Wine. Black Dog and Leventhal Publishers. New York. 66p

테루아르Terroir

테루아르는 토양soil이라는 말에 해당된다 할 수 있으나 이는 정확한 해석이 되지 못한다고 한다. 테루아르는 포도원이 속한 땅의 자연환경 모두를 아우르는 불어로 토양, 포도원의 경사도, 전반적인 기후 및 그 포도원의 미세기후 등을 모두 포함한다. 최상의 포도원이란 최상의 포도를 생산하는 포도원이다. 최상의 포도가 최상의 와인을 생산하므로 유럽에서는 테루아르를 중시하는 것이다.

좋은 포도를 생산하는 테루아르가 가지는 특성은 다음과 같다.

토양 모래, 규산, 진흙, 석회암, 칼슘 등이 적절히 섞인 토양으로, 경작할 수 있는 토양층이 깊어야 한다. 포도나무는 배수가 잘 되고 비교적 척박한 토양에서 양질의 포도를 생산한다. 즉 포도나무가 적당한 스트레스를 받을 때 향과 당도가 높은 포도를 생산하는 것으로 알려져 있다. 배수가 잘 되고 햇빛을 많이 받을 수 있는 경사지에 있는 포도원이 양질의 포도를 생산한다.

기후 토양 못지않게 포도원이 위치한 곳의 기후는 중요하다. 일조시간이 길고 주야간의 온도 차이가 있어야 좋은 포도가 생산된다. 비가 많으면 싱거운 와인이 만들어지고 너무 건조하면 강한 산성을 띤 와인이 된다. 포도나무는 극한의 온도 조건에서는 잘 자라지 못해 좋은 포도를 생산할 수 없다. 우수한 포도로 알려진 포도 품종이라고 해서 어느 곳에서나 우수한 포도를 생산하는 것은 아니다. 따라서 포도 품종에 따라 온도에 적응하는 범위가 다르므로 지역에 맞는 적합한 포도 품종을 선택하는 것은 중요한 일이다. 예를 들어 피노 누아Pino Noir는 과도한 열에 민감하기 때문에 서늘한 기후에서 잘 자라고, 메를로Merlot는 서리에 민감하므로 우리나라와 같이 추운 겨울을 가진 곳에서는 적합하지 않고 온난한 해양성 기후를 가진 곳에 적합한 품종이다.

위치 배수가 잘 되고 햇빛을 오래 받을 수 있는 경사지가 좋은 포도원이 될 수 있다. 특히 남동쪽을 향해 경사져 있는 곳이 포도원으로 최적지이다.

기후와 포도 품종

법적으로 엄격하게 재배하는 포도 품종을 규정하는 유럽 국가들을 제외한 세계 여러 곳에서는 자유롭게 포도 품종을 선정한다. 그러나 일반적으로 우수한 와인으로 평가되는 것들은 그 지역의 기후에 잘 맞는 포도 품종을 선택한 결과이다. 포도도 품종별로 잘 자라는 기후가 있다. 다음 분류 중에 한 품종이 2분류 이상에 속한 것이 있는데 이는 그 품종의 뛰어난 환경 적응력 때문이다. 그렇지만 환경 적응력이 뛰어난 품종이라 할지라도 추운 지역에서 자란 포도는 따뜻한 지역에서 자란 것과 품질이 다르다. Smith[9]는 적응 기후에 따라 다음과 같이 분류하였다.

추운 기후 청포도류(Cool Climate White Grapes)
Albarino, Chenin Blanc, Cahrdonay, Moscato, Pinot Grigio, Riesling, Savignon Blanc
추운 기후 적포도 품종(Cool Climate Red Grapes)
Barbera, Carbernet Franc, Dolecetto, Nebbiolo, Point Noir, Sangiovese
비교적 온난한 기후 청포도류(Moderate Climate White Grapes)
Chardonnay, Gewüztraminer, Pinot Blanc, Pino Gris, Semillon
비교적 온난한 기후의 적포도류(Moderate Climate Red Grapes)
Carbernet Franc, Carbernet Savignon, Gamay, Merlot, Tempranillo
온난한 기후의 청포도류(Warm Climate Grapes)
Marsanne, Roussanne, Viognier
온난한 기후의 적포도류(Warm Climate Red Grapes)
Grenache, Mourvédre, Syrah, Zinfandel

---

9) Smith Smith, B. H. 2003. The Sommerlier's Guide to Wine. Black Dog and Leventhal Publisher. 67p

이상에서 보는 바와 같이 고급 와인을 양조하는 유럽계 포도 품종들은 대부분이 온난한 기후에서 자라기 때문에 우리나라에서 유럽종을 재배하여 만든 와인은 경쟁력이 떨어질 가능성이 크다. 우리나라는 추운 겨울과 장마 등으로 인해 포도 재배에 유리한 조건을 가진 곳은 아니지만 우리나라 농민들은 지혜와 투지로 비가림 포도 재배 방법을 확립하여 좋은 결과를 얻고 있다.

2. 포도 품종

포도의 특성에 따라 각기 다른 특성의 와인이 만들어지는데 각 나라와 지역에서는 각각의 처한 환경에 따라 적합한 포도 품종이 결정된다. 지역의 재배 환경과 함께 음식 문화 및 지역 사람들의 선호도에 따라 우수 품종이 결정된다. 또한 동일한 포도를 가지고도 발효 방식과 숙성 조건에 따라 맛이 다르기 때문에 다른 나라에서 어떤 품종을 재배하고 발효하느냐에 집착할 필요는 없다. 최근 우리나라의 와인 전문가들은 유럽의 포도 품종으로 만들어야 좋은 와인이 만들어진다는 편견을 가지고 있지만 유럽종 포도만이 우수한 것이 아니다. 어느 포도 품종이든지 각각 나름대로의 장점을 가지고 있고, 단점도 가지고 있다. 국산 포도라고 모두 단점만 가지고 있지 않고, 유럽종이라고 모두 장점만 가지고 있는 것이 아니다. 또한 모든 유럽종의 와인이 우리 식단에 적합하고, 우리 입맛에 맞다고 말하기도 힘들며, 국내산 포도로 만든 와인은 무조건 맛이 없다고 할 수도 없다. 단지 우리의 와인 양조 역사가 짧은 관계로 최적의 양조 방법 개발이 늦어졌고, 이틈에 외국 와인 상사의 뛰어난 상술과 이에 편승하여 자기 이익에만 급급한 와인 관련 국내 인사들이 외국 와인을 무분별하게 수입해 국산 와인 생산이 늦어졌을 뿐이다. 지금부터라도 우리나라 환경에 잘 적응해 잘 자라고 우리의 후각에 익숙한 포도로 훌륭한 와인을 빚을 수 있는 기술을 개발해야 한다.

포도의 분류

식물의 분류는 아래와 같은 체계에 의하여 분류되는데 분류한 식물을 명명(학명) 할 때는 린네의 이명법에 따라 속명과 종명을 쓴다. 포도는 비티스*Vitis*속에 속 하며 와인을 빚는 포도는 3종이다[*vinifera, labrusca, rotundifolia*].

Kingdom(계) : Plantae
Division(문) : Spermatophyta Angiospermae
Class(강) : Dicotyledoneae
Order(목) : Rhamnales
Family(과) : Vitaceae
Genus(속) : Vitis
Species(종) : vinifera(유럽종), labrusca(미국종), rotundifolia(미국종)

즉, 포도는 크게 세 종류로 분류하는데 유럽 종인 비티스 비니페라[*Vitis vinifera*]와 미국종인 비티스 라브루스카[*Vitis labrusca*]와 비티스 로툰디폴리아[*Vitis rotundifolia*] 가 있다. 이들 포도 3군에서 만들어지는 포도는 각각 독특한 향과 맛을 가지게 된다.

포도 향미(와인으로서)에 따른 포도 종류의 분류
유럽계 품종 *Vitis vinifera* varieties
머스캣 향 종류

과일 향과 꽃향기가 나는 종류로 매력적인 생과일의 향기를 와인에서 맡을 수 있는 품종들로 보통 디저트 와인 생산에 이용된다.

레드 와인용(Red wine types) Aleatic, Muscat Hamburg

화이트 와인용(White wine type) Muscat blanc, Gold, Muscat of Alexandria,

Orange Muscat

머스캣 향과 구별된 향을 가진 종류

이 품종들은 세계적으로 고급 와인을 생산하는 매우 중요한 품종으로 포도 자체나 와인 향 특성이 매우 다양하다.

레드 와인용

방드베라Barbera(진한 과일 향, 시큼함), 카베르네 프랑Cabernet Franc(풋 올리브, 풀내음), 카베르네 소비뇽Cabernet Sauvignon(그린 올리브 향, 피망 향), 가메이Gamay(과일 향, 시큼함, 향료 향), 메를로Merlot(그린 올리브 향), 피노 누아Pinot noir(페퍼민트 향), 진판델Zinfandel(라즈베리 향)

화이트 와인용(이들이 가진 과일과 꽃과 같은 냄새는 머스캣 향과 비슷하지만 구별하기가 어렵고 독특한 향을 가지고 있다)

화이트 리슬링White Riesling(과일 향 · 꽃향기, 시큼), 샤르도네Chardonnay(사과향, 잘 익은 포도), 슈냉 블랑Chenin blanc(과일 향, 입맛을 돋우는 향), 게브르츠트라미너 Gewürztraminer (향료 향, 머스캣과 유사한 향)

기타 종 과일 자체나 와인에서 뚜렷한 고유의 향을 가지고 있지는 않지만 재배면적이 넓고 와인도 상당량 생산된다.

비유럽계 품종Non-*vinifera* varieties

아메리카계 포도라고도 하며 신맛이 적고 독특한 향이 있어 생식용으로 많이 쓰이고 숙성기간이 길지 않은 테이블 와인(young table wines), 발포성 와인, 또는 디저트 와인(dessert-type wines) 생산에 이용된다.

라브루스카 계통 품종*Vitis labrusca*-type

특유의 향을 가짐. 'foxy' 향이라는 표현을 쓰지만 실제로는 그러한 역한 냄새가 나는 것이 아니므로 이는 유럽계 포도 품종을 선호하는 측에서 아메리카계 포도를 비하하는 일종의 표현이 아닌가 생각된다.

레드 와인과 분홍색 와인용(적포도일지라도 적색소가 적어 화이트 와인 양조에 흔히 이용)

콩코드Concord(전형적인 미국 교잡품종), 아가왐Agawam, 블랙 펄Black Pearl, 캠벨 어얼리Campbell's Early(한국에서 주로 재배하는 품종), 카토바Catawba, 델라웨어Delaware(풍미 진함), 다이아나Diana, 이오나Iona, 이사벨라Isabella

화이트 와인용

나이아가라Niagara, 다이아몬드Diamond, 엘비라Elvira, 골든 머스캣Golden Muscat, 미주리Missouri, 리슬링Riesling, 노아Noah

로툰디폴리아 계통 품종*Vitis rotundifolia*-type

머스카딘 포도 향을 가짐

레드 와인용

버고Burgaw, 에덴Eden, 헌트Hunt

화이트 와인용

스키퍼농Scuppernong, 톱세일Topsail

기타 아메리카 계통 또는 그 교잡종

포도의 품종은 와인의 보디, 향, 색 및 타닌 함량 등을 특정 지어주는데 세계적으로 와인 양조용으로 재배되는 계통은 유럽종[*Vitis vinifera*]이며 미국종, 특히 비티스 라브루스카[*Vitis labrusca*]는 미국 동북부, 한국, 일본에서만 중점적으로 재배한다. 장마철이 긴 한국이나 일본에서는 유럽종의 재배가 성공적이지 못하기 때문에 미국계 포도 품종이 주로 재배되며 이 계통의 포도에서 생산된 일본 와인은 세계적으로 인정을 받고 있다.

세계적으로 가장 많이 재배되고 고급 와인의 재료가 되는 포도 10개의 품종 특성을 보면 다음과 같다.

카베르네 소비뇽Carbernet Sauvignon

세계에서 가장 잘 알려진 흑색 포도 품종으로 레드 와인 재료로 사용된다. 주로 메를로 품종 포도와 혼합하여 사용된다. 프랑스 보르도에서 주요 품종으로 사용되며 신세계에서도 많이 사용된다. 본 품종은 타닌 함량이 높아 오랜 기간 보존을 할 수 있으나 장기간의 숙성이 요구된다. 와인 색깔이 매우 진한 검붉은색이고, 향이 많고, 떫은맛이 강하다. 가볍게 마시기에는 부담이 간다.

카베르네 쇼비뇽

샤르도네Chardonnay

기후에 적응성이 높아 가장 보편적으로 여러 나라에 널리 애용되는 청포도 품종으로 화이트 와인의 주요 품종이다. 이 포도는 와인 생산에 까다롭지 않고 다양한 종류의 와인에 이용될 수 있다. 부르고뉴의 주요 품종으로 샴페인에 사용되는 3대 품종 중의 하나이다. 이것으로 만든 와인은 대체로 산도가 낮고, 알코올 농도가 높고, 달지 않고(dry), 오랜 기

샤르도네

간 참나무 통에서 숙성이 가능하므로 제조 방식에 따라 가벼운 것에서부터 중간 정도의 중후한 느낌이 드는 와인까지 두루 만들 수 있다. 와인에서는 사과, 레몬, 메론, 복숭아 및 파인애플 향이 난다.

슈냉 블랑Chenin Blanc

산도가 매우 높아 과실이 익을 때 강한 햇빛을 필요로 한다. 햇빛이 부족하면 와인 맛이 시게 된다. 주로 루아르Loire, 뉴질랜드New Zealand 그리고 남아프리카 South Africa에서 재배된다. 화이트 와인용이며, 매우 드라이한 제품에서부터 단 와인까지 만든다. 또한 샴페인용으로도 사용된다. 과일 향이 진하게 나고 균형 잡힌 맛이 있다.

가메이Gamay

보졸레Beaujolais 와인은 주로 가메이 품종으로 만든다.

마시기 쉽고, 가벼우며, 과일 향이 진한 레드 와인을 만든다. 오랜 숙성기간을 요하지 않는 단기 소비용이다.

게부르츠트라미너Gewürtraminer

포도색은 연한 분홍색이다. 매우 향이 진한 와인을 만들 수 있다. 드라이 혹은 스위트 와인을 만들 수도 있다. 산도가 낮고, 알코올 농도가 높다. 이색적인 향을 가지고 있으며, 양념이 짙은 음식과 잘 어울리는 특성을 가지고 있으므로 동양 음식과도 잘 어울린다.

메를로Merlot

보르도 지방에서 가장 널리 재배되는 레드 와인용 품종이다. 타닌과 산도가 낮다. 메를로 포도로만 와인을 만들면 순하고 자두 향이 난다. 일반적으로 카베르네 소비뇽과 혼합되므로 카베르네 소비뇽의 진하고 거친 맛을 부드럽게 해준다.

메를로

피노 누아Pinot Noir

레드 와인용이다. 본 품종은 기후의 영향에 매우 예민하다. 수확량이 많지 않고, 재배가 매우 까다롭다. 이 품종으로 만든 와인은 다른 품종과 거의 혼합하지 않는다. 와인은 색이 연하고, 중간 정도의 중후한 맛이 있다. 부르고뉴에서 많이 재배된다.

피노누아

리슬링Riesling

독일의 전통적인 화이트 와인용 포도 품종이며 현재에는 세계 각 지역에서 좋은 화이트 와인 원료로 사용된다. 늦게 수확되는 포도가 질이 우수하다. 목질이 단단하여 서리에 강하다. 달지 않은 와인에서부터 단 와인까지를 만든다. 이 와인은 가볍고, 알코올 농도가 높지 않고, 향이 강하고, 입안에 향이 오래 남는다. 산도가 강하지만 균형이 잡혀 있다.

소비뇽 블랑Sauvignon Blanc

본 품종으로 만든 화이트 와인은 대개 매우 드라이하며 산뜻하다. 단기숙성 와인용(young wine)이다. 맛과 향이 진하므로 다른 품종과 구별이 된다. 산도가 높다. 주로 세미용 품종과 섞어서 사용한다. 수세가 매우 강하다.

세미용Semillon

화이트 와인용으로 만들 수 있다.

세미용

3. 포도의 구성

와인 제조는 포도의 즙액을 효모가 발효시키는 과정에서 얻어진다. 포도즙을 짜는 포도 송이는 과경, 종피, 과육과 씨로 구성되어 있으며 그 구성 비율은 다음과 같다.

포도 송이의 구성 비율	
구 성	비 율
과경(stem)	2~6
종자(seed)	0~5
종피(skin)	10~20
과육(flesh)	70~80

포도를 구성하고 있는 성분을 보면 다음 표와 같다. 포도알은 주로 수분, 당분 및 유기산으로 구성되어 있으며 기타 단백질, 아미노산, 에스테르, 폴리페놀 및 무기성분 그리고 방향물질도 포함되어 있다.

포도알의 구성 성분 비율

구성 성분	비 율(%)
수분(water)	75~85
당분(sugar)	17~25
유기산(organic acid)	0~1.2
기타 함유물(others)	0.3~1.0

화이트 와인은 포도 무게의 약 60%에 이르는 프리 런 와인free run-wine을 생산할 수 있는데, 압착기로 짜내는 프레스 런press-run을 합하면 약 70%까지 수율을 올릴 수 있다. 레드 와인의 경우는 약 60%의 프리 런 와인을 생산할 수 있는데, 프레스 런을 합하면 약 65%까지 수율을 올릴 수 있다. 화이트 와인은 주로 청포도로 만들며, 레드 와인은 자주색 포도로 만든다.

포도 성분 중 당분과 유기산이 와인 발효 및 품질에 가장 큰 영향을 미치는데 이 두 가지 요소에 관하여 자세히 서술하면 다음과 같다.

당분sugar

당이 발효 과정에서 분해되어 알코올이 되므로, 당은 발효의 주 원료이다. 따라서 당도가 높은 포도로 알코올 함량이 높은 와인을 만들 수 있다. 포도가 성숙되기 전에는 유기산이 많고 당이 적으나 성숙하면서 당의 함량은 점차로 증가하고, 유기산의 함량은 반대로 감소한다. 포도 수확 시 당 함량은 포도 품종과 재배 방법 및 환경 특히 일조량과 온도에 따라 변화가 크다. 우리나라에서 재배되는 캠벨 어얼리 품종은 평균 15% 내외이며, 외국에서 각 품종은 20% 내외이다. 와인의 알코올 함량은 포도 내 당 함량의 약 절반이다.

일반적인 와인의 알코올 함량이 12%이므로, 포도 내의 당 함량은 25%가 되어야 한다. 따라서 부족한 분의 당을 설탕으로 보충하여 준다. 이를 보당chaptalization 이라 한다.

기온이 높지 않은 유럽 각 지역(독일, 프랑스 북부, 스위스 등)이나 한국에서는 규정에 의하여 설탕 첨가가 허락되나, 미국 캘리포니아, 스페인에서는 엄격히 금지된다. 반면에 건조하고 일조시수가 높은 지역에서는 당 함량이 너무 높아서 물로 희석하여 준다. 포도 내의 주 당은 포도당과 과당이며 두 당의 비율은 약 1:1이다. 실제로 두 당의 포도즙 내의 함량은 각각 8~13%이다. 과당은 포도당보다 2배 가량 더 달다.

발효 시 포도당이 먼저 소모되므로 발효가 끝난 후 잔당 대부분은 과당이다. 그 외의 당으로는, 수크로오스(0.2~1%), 람노스(0.02~0.04%), 아라비노스(0.05~0.15%) 그리고 펙틴(0.02~0.4%)이 있다.

산Acids

포도의 주된 유기산은 주석산과 사과산이다. 주석산은 포도에만 존재하나, 사과산은 보편적으로 모든 과일에 포함되어 있다.

포도가 성숙되기 전에는 주석산과 사과산의 비율이 1:1이지만 익어가면서 호흡에 의하여 사과산은 줄어들고, 주석산은 변동이 없다. 따라서 수확기에는 포도 품종에 따라서 사과산과 주석산의 비율이 1:2 더 심하면 1:4까지 된다. 수확기가 임박하면 구연산이 소량(0.01~0.03%) 생긴다. 주석산은 와인의 좋은 산미를 내게 하는 중요한 요소이다. 그러나 주석산은 와인에 존재하는 칼륨과 결합하여 저온처리 시 주석산 분리에 의하여 쉽게 유실된다. 사과산은 자극성 신맛을 내며, 덜 숙성된 와인의 맛을 내게 하므로 사과산을 최소화하는 것이 레드 와인의 품질 향상에 도움이 된다. 구연산은 상대적으로 양이 적으므로 특별히 품질에 영향을 미치지는 않으나 사람에 따라서는 싫어하는 경우도 있다.

적정 총산도는 0.7% 가량 된다. 총산도가 너무 높으면 발효에 지장을 주므로 물을 첨가하여 희석 한다(amelioration). 반대로 너무 낮으면 구연산을 첨가한다. 산

포도즙과 와인에 함유된 주요 성분[10]		
주요성분	포도즙	와인
수분	70~75%	84~87%
당	20~25% 발효가능한 당으로 포도당과 과당이 주로 존재	0.2% 이하(드라이 와인) 발효할 수 없는 당만이 잔존
알코올(에탄올)	0%	11~14%
글리세롤	0%	약 1%
산	0.6~0.9% 주석산(tartaric acid) 사과산(malic acid) 구연산(citric acid)	04~0.7% 주석산(tartaric acid) 사과산(malic acid)* 구연산(citric acid)*
타닌 및 색소	0.15% 이하	0.03% 이하(화이트 와인) 0.2% 이하(레드 와인)

※사과산은 발효과정에서 완전히 없어지고 구연산은 모두 제거되거나 극소량이 남는다.

10) Pambianchi D. 2002. Techniques in Home Winemaking. Verhicule Press. 39p

사진제공 보르도 포도주협회(CIVB), A.Benoit

도는 pH 3.4이다. 산도가 너무 낮으면 발효가 완만히 일어나며, 와인 맛이 시어진다. 반면에 산도가 너무 높으면 와인이 변하기 쉽다.

포도즙에 포함된 주요 성분은 발효 과정 중에 변화가 와서 당은 모두 소모되는 반면 포도즙에는 없던 알코올 성분이 크게 증가한다.

4. 와인 양조 과정

와인 양조 과정은 포도를 으깨 효모를 접종하여 발효시킨 후 숙성시키는 것이라 간단히 말할 수 있지만 발효 과정과 숙성 과정의 방법을 달리하면 일반 와인, 발포성 와인, 주정강화 와인과 같이 다른 스타일의 와인을 빚어낼 수 있을 뿐 아니라 같은 스타일의 와인에서도 색깔과 향미가 다른 와인을 만들 수 있다. 그래서 흔히 와인 양조를 김치 담그기에 비유한다.

배추, 무, 소금 그리고 양념을 약간 넣어 발효시키면 김치가 된다는 것은 사실이지만 재료에 따라, 또 김치를 담그는 사람에 따라 가지각색의 김치와 맛이 다른 김치가 되듯이 와인도 재료가 되는 포도 자체와 양조 기술에 따라 독특한 와인이 빚어진다.

와인을 담그는 과정은 기본적으로 다음과 같은 순서로 한다.

대부분이 위의 순서를 따르지만 와인의 종류에 따라 조금씩 다르다. 그 기본적인 과정은 다음과 같이 설명하고자 한다.

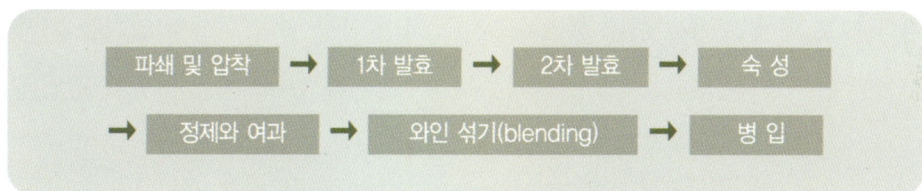

파쇄 및 압착

파쇄

수확한 포도는 파쇄기crusher and stemmer에 넣어 줄기를 제거하면서 포도송이를 터트린다. 적포도로 레드 와인을 만들 때는 과피와 씨가 포함된 과즙을 발효탱

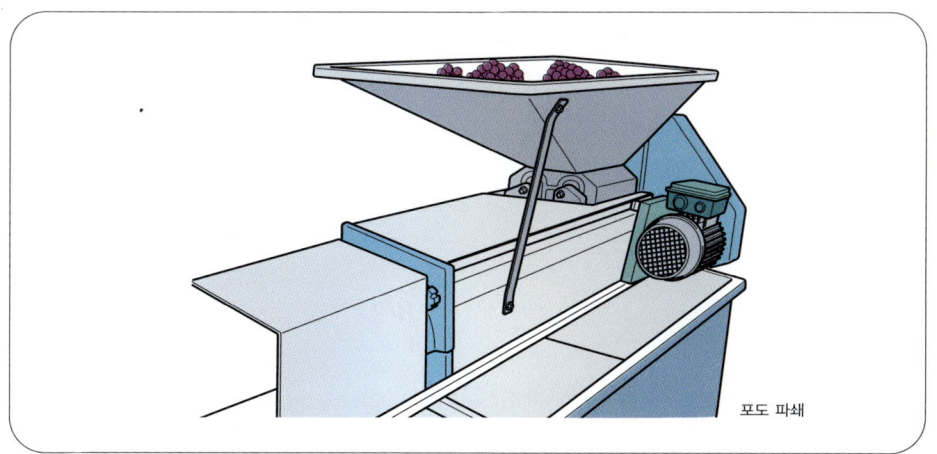

포도 파쇄

크에 넣어 발효를 시키지만 화이트 와인을 만들 때는 파쇄 후, 혹은 파쇄하지 않고 바로 압착기에서 즙을 짜내어 발효시킨다.

압착

와인의 생산량을 높이려면 포도즙액을 최대한 회수하여야 한다. 포도를 파쇄하고 발효하면 많은 액체가 저절로 혹은 약간의 가벼운 압력만 가하여도 흘러나와 회수할 수 있다. 이를 자유액free run juice이라 한다. 이보다 적은 양의 액체는 단단한 세포 내에 있어서 쉽게 흘러나오지 못하며 일정 압력 이상의 압착을 가하여야만 뽑아낼 수 있다. 이를 압착액pressed juice이라 한다. 품종과 압착 방법에 따라 차이는 있으나 일반적으로 회수 가능한 액상에서 자유액과 압착액의 비율이 약 7:3이다.

자유액은 품질이 우수하다. 압착액은 압력을 가할수록 타닌과 입맛에 맞지 않는 성분들이 다량 포함되어 떫거나 쓴맛이 강하므로 우수한 품질이라 할 수 없다. 따라서 높은 압력으로 짜낸 압착액은 저가의 와인이나 혹은 증류용 와인의 원료로 사용된다.

포도 양이 적을 때에는 간단하게 자루에 넣고 비틀어 짜거나 혹은 나무판자 사이에 두고 발로 밟으면 얼마간의 액즙을 회수한다. 그러나 규모가 큰 와인 공장에서는 압착기를 사용하여 많은 양을 추출한다. 압착기에는 바스켓 압착기basket press, 수평나선형 압착기horizontal screw press, 압축공기 압착pneumatic press, 통 압착기tank press와 연속나선 압착기continuous screw press가 있다.

발효Fermentation

파쇄와 압착으로 얻은 과즙은 발효조로 옮겨 효모를 첨가하여 발효시킨다. 발효

착즙 1

착즙 2

1차 발효 통에 넣기

1차 발효 시작

1차 발효 젓기

2차 발효 준비

조는 전통적으로 참나무 통이나 콘크리트 발효조(내면은 유리 등으로 잘 처리됨)를 사용하였으나 최근에는 편리한 스테인리스 밀폐탱크를 사용하는 곳이 많다.

발효 과정 중의 온도는 색과 향에 많은 영향을 미치는데 일반적으로 20~30℃의 온도에서 발효가 무난히 일어난다.

온도에 따라 발효기간은 달라지므로 만들고자 하는 와인의 종류에 따라 1차 발효 기간을 정한다. 즉 예를 들어 레드 와인을 양조 시 색이 진하고 무게있는 와인을 만들고자 할 때는 1차 발효기간을 길게 하고 가벼운 맛과 밝은 색을 원할 때는 그 기간을 짧게 조절한다.

술을 빚는 마술사, 효모

와인 제조에는 풍부한 당(당도 23% 이상)을 함유한 건전한 포도(터지거나, 썩지 않은 포도)와 우수한 효모가 필수 요건이다.

효모는 눈에 보이지 않을 정도로 매우 작은 달걀모양의 곰팡이로, 포도즙에 있는 설탕을 섭취하여 살아간다. 효모는 공기 중에서 산소를 이용하여 호흡함으로, 섭취한 설탕을 물과 탄산가스, 그리고 에너지로 분해하며 이 에너지를 이용하여 증식을 하기도 한다. 반대로 산소가 부족한 환경에서는 발효를 하여 알코올을 생산한다. 따라서 당도가 높고 공기가 많은 조건에서는 효모가 매우 빠른 속도로 증식하며 물과 탄산가스를 만들어 설탕을 낭비한다. 그러나 설탕이 많고 공기가 차단되어 산소가 부족한 상태에서는 발효를 하여 설탕을 알코올로 변환시킨다.

발효 과정에서 보면 초기 단계에서는 공기를 유입시켜 효모 자체의 증식을 조장하고 후기에 공기를 차단하면서 효모는 알코올을 만들어낸다. 즉

초기(호흡) 공기가 있을 때

효모 + 당 + 산소 = 물 + 많은 탄산가스 + 많은 에너지 : (효모 증식)

즉 $C_6H_{12}O_6 + 6O_2$ -- 효모 --->$6CO_2 + 6H_2O + 36ATP$

후기(발효) 공기가 없을 때

효모 + 당 = 알코올 + 적은 탄산가스 + 적은 에너지 : (와인 생산)

즉 $C_6H_{12}O_6$ -- 효모--> $2(C_2H_5OH) + 2(CO_2) + 2ATP$

알코올 발효 시에는 공기가 차단된 상태에서 효모가 포도 속의 설탕을 알코올로 전환시키므로 효모가 충분히 있어야 한다. 따라서 와인 제조 초기(약 5일 내외)에는 충분한 공기를 주어서 호기성 상태를 만들어 주고 호흡을 촉진시켜 효모증식을 극대화하여야 한다. 즉 초기에는 항아리 입구를 밀봉하지 말고 포도 곤죽을 매일 잘 저어주면 효모가 왕성한 호흡을 하여 1cc에 약 1억 마리의 효모를 증식시킨다. 후기에는 공기를 차단하여 혐기성 상태를 유지하면서 발효를 촉진시킨다. 이렇게 알코올이 잘 생산되도록 하며 와인을 만드는 것이다.

효모의 생물학적 위치

효모는 모양이 타원형으로 되어 있고 크기가 지름 약 $1\sim2\mu m$(1/1000mm)밖에 안 되는 매우 작은 곰팡이로 자낭균류에 속한다. 효모에는 여러 종이 있으나, 와인 발효에 이용되는 것은 주로 알코올 생산력이 높은 사카로미세스*Saccharomyces* 속(屬)에 속하는 세레비시아 종(種)과 바야누스 종(種)이다. 즉 학명으로는 [*Saccharomyces cerevisiae*]와 [*Saccharomyces bayanus*]이다. 기타 효모로는 크로케라[*Kloeckera apiculata*]이 있다. [*K. apiculata*]는 알코올에 대한 저항력이 매우 약하여 4~5% 정도까지 활력을 유지할 수 있다. 반면에 [*s. cerevisae*]는 약 15% 그리고 [*s. bayanus*]는 17~18%까지 활력을 유지한다. 와인 양조용으로는 알코올 생산능력뿐만 아니라 와인 품질을 향상시킬 수 있는 특성을 지녀야 한다. 우선 목적에 부합하는 와인 즉 레드 와인 혹은 화이트 와인 등의 와인 생산에 적합한 온도에서 잘 자라야 하며, 알코올과 이산화황에 대한 저항력이 높아야 한다.

또한 와인 품질을 저하시키는 부산물의 생산을 적게 하면서 품질을 향상시키는 물질을 생산해야 한다. 그리고 발효가 끝나면 효모가 밑으로 가라 앉아 침전물이 되어 깨끗하고 투명한 와인이 되도록 하여야 한다. 외국 유명 효모생산 업체에서 많은 연구를 통하여 선발 배양된 각종 특성을 지니는 여러 계통의 효모를 판매하고 있으므로 목적에 적합한 효모를 잘 선택하면 된다. 그러나 포도 과피 상에 다수의 야생 효모가 존재하므로 이를 이용할 수도 있다. 이럴 경우는 불특정한 여러 종류의 효모가 복합적으로 작용하게 되므로 맛과 향이 다양한 와인을 만들 수 있다는 장점이 있는 반면에 와인 품질의 특성을 예측하거나 조절할 수가 없다는 단점이 있다.

효모의 종류

와인 제조에서 발효 환경과 목표로 하는 와인의 특성에 따라서 적합한 효모를 선택하여야 한다. 즉 화이트 와인은 저온에서 발효하므로 저온성 효모를 사용해야 하며 반대로 레드 와인은 고온에서 발효시키므로 고온성 효모를 사용하여야 한다. 알코올 농도가 높은 와인을 제조할 때는 알코올에 내성이 강한 효모를 쓰는 것이 유리하다. 또한 발효 용기가 작을 때에는 거품이 적게 발생하는 효모를 사용하며, 포도가 상태가 불량하여 잡균의 오염이 심할 때는 킬러 효모가 유리

할 수도 있다. 젖산 발효를 하고자 할 때는 여기에 관계되는 세균과 친화성이 있는 효모를 이용하며 발효가 중단된 와인에는 발효복구력이 강한 효모를 사용하여 발효를 완결할 수 있다. 주요 효모의 특성은 아래표와 같다. 발효 복구력이 강한 효모로는 [*Saccharomyces bayanus*]에 속하는 'Premiere Cuvee' 와 'EC 1118' 을 추천한다.

효모의 증식

효모는 출아법에 의하여 증식한다. 증식 속도는 환경 즉 당도, 산도, 온도, 산소, 양분, 알코올 농도 기타 화학물질의 과다 등에 영향을 받는다. 특히 산소가 풍부한 호기성 조건에서는 호흡을 하여 당을 탄산가스와 물로 분해하면서 다량의 에

효모 Saccharomyces 의 특성 비교

회 사	Lavin사					Red Star사				
제품(균주)명	Bourgovin RC 212	ICV/D-47	71B-1122	KIV-1116	EC-1118	Pasteur Red	Montrachet (Davis #522)	Cote des Blacs (Davis #750)	Pasteur Champagne (Davis #595)	Premier Cuvee (Davis #796)
효모의 종명	*cerevisiae*	*cerevisiae*	*cerevisiae*	*cerevisiae*	*bayanus*	*cerevisiae*	*cerevisiae*	*cerevisiae*	*bayanus*	*bayanus*
발효최적 온도 범위(℃)	15~30	10~35	15~30	10~42	7~35	18~30	15~30	18~30	15~30	7~35
알코올 내성 (% acl./vol)	14	15	18	18	18	16	13	12~14	13~15	18
발효 속도	중간	중간	중간	빠름	대단히 빠름	빠름	빠름	늦음/중간	빠름	빠름
거품생성	적음	적음	적음	매우 적음	매우 적음	적음	중간	적음	중간	매우 적음
휘발성 유기산 생성	적음	적음	적음	적음	적음	적음	적음	적음	적음	적음
아황산 생성	적음	적음	적음	매우 적음	매우 적음	적음	적음/중간	매우 적음	적음	중간
유화수소 생성	적음	적음	적음	매우 적음	매우 적음	적음	많음	적음	적음	매우 적음
영양요구도	보통	보통	보통	매우 낮음	보통	보통	보통	높음*	보통	보통
용도	레드 와인	화이트 와인	로제	과실주	스위트/ 발포성 와인	레드 와인	화이트 와인/ 레드 와인	로제	화이트 와인	화이트 와인/ 발포성 와인
특기사항	색소 안정	ML발효	과일향	발효장애 복구용	속성발효	복합 향	아황산 내성	높은 잔당	발효장애 복구용	발효장애 복구용

ML : malolactic   * : 질소원 첨가 요구됨

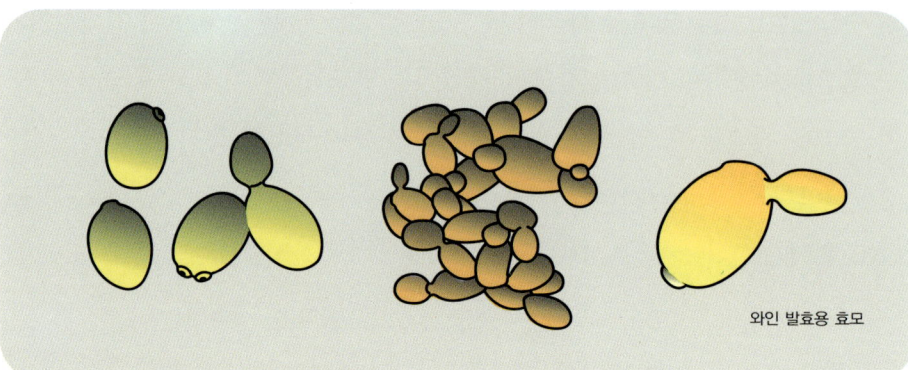

와인 발효용 효모

너지(36ATP)를 획득하여 증식속도가 매우 빠르나, 산소가 결핍된 혐기성 조건에서는 발효를 하여 당을 분해하여 알코올과 탄산가스를 생산하고 에너지를 조금 (2ATP) 얻으므로 증식이 매우 더디게 된다. 이때 생산된 알코올은 와인의 주 성분이지만 효모는 매우 유독하므로 양이 증가하여 효모가 생존할 수 있는 한계 농도에 이르면 증식이 거의 이루어지지 못하고 결국은 죽게 된다. 발효가 가장 왕성할 때에는 효모의 숫자가 $1.5 \times 10^8/ml$까지이다.

발효의 개념

발효는 산소가 제거된 상태에서 효모가 당을 분해하여 에틸 알코올과 탄산가스를 만드는 과정을 말한다. 탄산가스는 생성되는 즉시 대기 중으로 확산되어 날아가므로 결국 에틸 알코올만 남게 되어 와인의 주성분이 된다. 발효 과정을 약식으로 표시하면 다음과 같다.

$$C_6H_{12}O_6 \ ------ \ 2C_2H_5OH \ + \ 2CO_2 \ + \ 2ATP$$

포도당   에틸 알코올

즉 1분자의 포도당에서 2분자의 알코올을 생산하게 된다. 이것을 분자량으로 환산하면, 포도당은 분자량이 180이며, 에틸 알코올은 46이다. 2분자의 에틸 알코올이 생겼으므로 2×46은 92이다. 즉 180g의 포도당에서 92g의 에틸 알코올을 생산하였으므로 이론적으로는 당 무게의 51%에 해당하는 에틸 알코올을 생산하는 것이 된다. 그러나 실제에서는 당의 5%가 부산물(글리세롤, 호박산, 젖산, 2, 3-butanediol, 초산과 기타 물질)생산에 이용되고, 2.5%는 효모의 몸채를 구성하는 탄소원으로 사용되며, 0.5%는 잔당으로 남게 되므로, 합계 약 8%는 알코올로 이용되지 않는다. 따라서 실제로는 당 무게의 47%, 즉 84.6g 정도 되는 에틸 알코올을 생산한다. 이를 부피로 환산하면 1.75Brix의 당이 1%(v/v) 알코올로 된다.

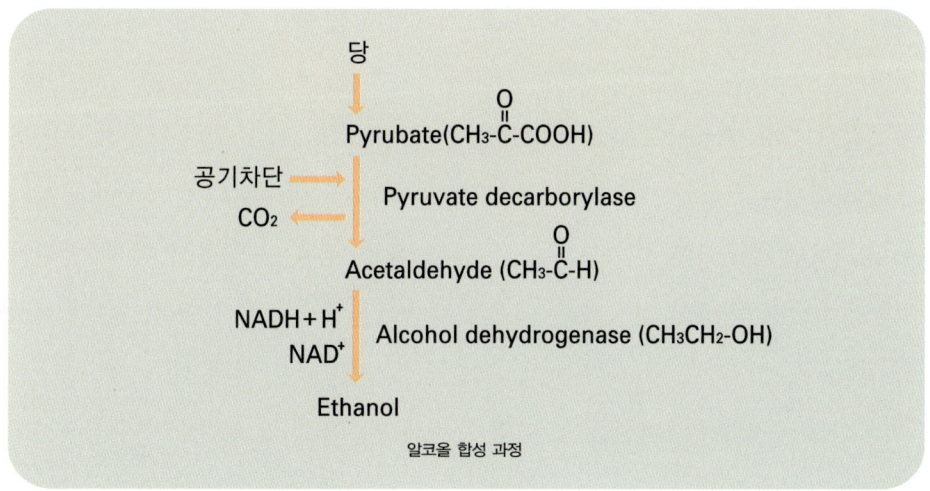

알코올 합성 과정

발효에 영향을 끼치는 요인

발효를 하는 효모는 생물이므로 다른 생물과 마찬가지로 여러 가지 환경에 영향을 받는다. 즉 모든 환경적 요인이 적합한 상태에서는 발효가 잘 된다. 반대로 한 가지라도 부적합하면 발효가 중단된다.

온도 효모생장은 온도에 영향을 받는다. 사용된 효모에 따라 적온이 약간의 차이는 있지만, 대체적으로 20~30℃ 온도에서 잘 자란다. 이보다 높거나 낮을 시는 발효가 감소한다. 35℃ 이상에서는 발효가 정지되는 경우도 있다. 레드 와인은 25~30℃에서 발효하며, 화이트 와인은 이보다 낮은 10~14℃에서 발효한다. 따라서 화이트 와인 발효 시에는 저온 장애를 받을 수 있고, 오랜 발효기간을 요한다. 반대로 레드 와인 발효 시에는 고온 장애를 받을 수 있다. 온도가 적온보다 높으면 알코올의 효모생장이 억제된다.

당분 당분은 효모의 생장에 에너지원 및 체물질 구성 요소로서 대단히 중요하다. 특히 알코올 합성의 주성분으로 당분의 함량이 와인의 알코올 농도를 결정한다. 그러나 당분이 30Brix 이상으로 지나치게 높으면 효모 생장을 억제하게 된다.

질소원의 함량 질소원도 발효에 영향을 준다. 포도에는 질소원이 풍부하지만 경우에 따라서는 부족할 때도 있다. 초기에는 유화수소 냄새가 나기 시작하고 시간이 경과하면 매우 심한 머카프톤mercapton 냄새가 난다. 초기 증상 때 제2인산암모늄을 100~200ppm 정도 혹은 이스트 추출물을 200ppm 정도 첨가하면 교정이 된다.

기타 산도, 이산화황, 미생물 등 여러 가지 물리, 화학 및 생물학적 환경요인도 발효에 영향을 미친다.

발효 장애

발효 장애는 발효가 끝나기 전, 즉 잔당이 상당량 있는데도 발효가 중단되는 현상이다. 이러한 현상은 발효 초기에 발생할 수도 있고, 경우에 따라서는 발효가 상당히 진전된 상태에서도 일어난다. 그 원인은 여러 가지가 있는데 각각의 대처 방법은 다음과 같다.

산소의 결핍

산소가 결핍될 때는 발효가 중단된다. 효모가 생장을 하기 위해서는 산소를 필요로 한다. 즉 새로운 세포의 세포막 형성을 위하여 스테로이드인 에르고스테롤과 불포화산인 올레인산을 합성하여야 하는데, 산소가 없으면 이와 같은 물질을 합성할 수 없으므로 세포증식이 억제되면서 발효가 중단된다. 발효에 필요한 효모의 숫자는 1㎖의 발효즙액에 10,000,000개이다. 따라서 효모 접종 시에 포도즙 표면에 효모를 뿌리면 표면에는 산소가 풍부하므로 효모가 급속히 증식을 한다. 다음 날 포도즙액을 위 아래로 섞어서 효모가 골고루 분산되도록 하여야 한다. 발효 도중에도 산소 결핍에 의한 발효 장애가 일어날 경우에는 공기와 접촉이 되도록 잘 저어주든지 혹은 발효조 밑에 있는 포도즙액을 펌프로 올려 표면에 뿌려서 산소 공급을 골고루 받도록 한다. 또 다른 방법으로는 새로운 통으로 발효즙액을 부어 옮기면 그 과정에서 공기와 접촉하여 산소 공급을 받게 된다.

양분의 결핍

일반적으로 질소 결핍이 주요 원인이 되며 이것이 결핍되면 특징적으로 유화수소 냄새가 난다. 레드 와인 발효 시는 거의 문제가 없으나 화이트 와인 발효 시는 결핍증상이 일어날 수도 있으므로 예방적으로 제2인산암모늄을 100~200ppm 정도 공급하는 것이 좋다. 발효 도중에 질소 결핍 증상이 일어나 발효에 장애 증상이 나타나면 인산암모늄을 200~300ppm 공급한다. 이렇게 하면 재발효를 한다. 인산암모늄 대용으로 요소를 사용할 수도 있다. 단 농용 요소가 아니라 식품첨가용 요소를 이용하여야 한다. 최근에 요소가 분해되어 발암물질로 전환된다는 보고가 있어 사용이 금지되었다.

질소뿐만 아니라 기타 요소가 전반적인 결핍현상을 보일 때에는 이스트 추출물을 200~300ppm을 첨가하면 재발효를 촉진할 수 있다.

부적당한 온도

모든 생물은 적온에서 가장 잘 자란다. 이보다 낮거나 높으면 생리적 작용 및 증식에 장애를 받게 된다. 화이트 와인은 10℃ 내외의 저온에서 발효를 하므로 특히 저온 장애를 일으킬 가능성이 높다. 일반적으로 발효즙액 온도가 15℃ 이하일 경우에 발효 장애를 가져온다. 이럴 때는 온도를 18℃ 이상으로 올려주어 재발효를 유도하여야 한다.

레드 와인의 경우는 25℃ 내외의 비교적 고온에서 발효를 하므로 발효가 왕성하게 진행될 때 발효열에 의하여 온도가 35~40℃까지 올라가 고온 장애를 일으킨다. 이때는 냉각장치를 동원하여 온도를 25℃로 낮추고 건전한 효모로 재접종하여야 한다.

당도가 높을 때

발효즙액에 당을 과도하게 첨가했다거나 포도의 당 함량이 높아 당도가 30Brix 이상일 경우에는 발효 장애 현상이 일어난다. 적당양의 물을 첨가하여 당도를 25Brix 이하로 낮추면 재발효를 할 수 있다.

알코올 농도가 높을 때

효모의 균주에 따라서 알코올 내성 정도가 다르다. 따라서 알코올 농도가 발효 중인 효모의 한계 농도보다 높을 경우에는 발효가 중단된다. 이때에는 비교적 높은 알코올에도 견디는 효모 균주를 재접종한다. 랄뱅Lalvin의 EC-1118이나 레드 스타Red Star의 프리미에 쿠베Premier Cuvée가 적당하다.

유해 부산물

발효 과정에서 여러 가지 부산물이 생긴다. 그리고 이들 중 일부는 효모생장에 유해한데 지방산이 대표적인 예이다. 이들을 제거하려면 활성탄소를 첨가하여 유해물질을 흡수하게 해야 한다.

발효 부산물

발효의 주산물은 에틸 알코올이다. 그러나 발효 과정에서 여러 가지 부산물이 생긴다. 그 중 일부는 와인의 품질을 높이는 요인이 되며, 다른 부산물은 와인의 품질을 저하시킨다. 즉 냄새와 맛이 나빠지며, 두통 등 인체에도 나쁜 영향을 끼친다. 대표적인 부산물은 다음과 같다.

유기산

포도에는 거의 존재하지 않았던 유기산이 발효 후 와인에 존재하여 와인의 맛과 품질에 영향을 준다. 대표적인 것으로 호박산, 젖산과 초산이다.

호박산은 효모의 알코올 발효 과정에서 생겨난다. 젖산은 유산균의 오염으로 자연 발생할 수도 있지만, 와인 제조 과정에서 인위적으로 유산균을 접종하여 젖산의 생성을 조장한다. 유산균은 사과산을 젖산으로 전환시키므로 와인의 산를 낮추고, 맛을 부드럽게 한다. 초산은 효모에 의하여 생성되나, 초산균의 오염으로 과도하게 생성되면 와인에서 식초 냄새가 나고 맛도 신맛이 나며 부패의 원인이 된다.

알코올류

메틸 알코올과 고급 알코올이 생성된다. 이들은 매우 유독한 성질을 가지고 있으므로 적정량 이상 섭취하면 치명적인 부작용이 일어난다.

메틸알코올Methyl alcohol, methanol

메틸 알코올은 발효 중 효모에 의하여 생기지는 않는다. 메틸 알코올의 원료는 과실 조직의 주요성분인 펙틴이다. 펙틴이 분해되면서 메틸 알코올을 생산한다. 특히 레드 와인은 과피와 과육이 발효조에 오래 남아 있으므로 메틸 알코올의 함량이 화이트 와인보다 높다.

평균 레드 와인의 메틸 알코올의 함량은 150㎖/ℓ 인 반면에 화이트 와인은 60mg/ℓ 이다.

메틸 알코올을 과다 섭취하면 장님이 되거나 목숨을 잃는다. 그러나 메틸 알코올이 맹독이라고 해도 와인을 마셔서는 메틸 알코올의 피해를 보지 않는다. 메틸 알코올의 치사량은 340mg/Kg이다. 만약에 메틸 알코올이 100mg/ℓ 포함된 와인을 체중 70Kg인 사람이 치사량까지 마신다면 와인을 약 240ℓ 까지 마셔야 한다.

고급 알코올Higher alcohols, fusel oils

고급 알코올은 탄소를 3개 이상 가지는 알코올을 말한다. 고급 알코올은 발효 과정에서 아미노산이 분해되면서 생긴다. 와인에서 발견되는 고급 알코올은 프로파놀, 부타놀, 아밀알코올, 헥사놀 및 페닐에탄올이며 이들이 평균직으로 와인에 함유된 양은 100~500mg/ℓ 이다. 이 외에도 글리세롤, 아라비톨 등 여러 종류의 폴리 알코올 와인에 포함되어 있다.

알데히드와 케톤Aldehydes & Ketones

이들은 발효 과정에서 소량 생긴다. 대표적인 것은 아세트 알데히드, 아세톤과 디아세틸이다. 특히 아세트 알데히드는 공기와 접촉이 많은 경우에 많이 생기며 와인 부패의 한 현상이다.

에스테르Ester

에스테르는 알코올과 유기산이 결합하여 생성된다. 원료 포도에서 느끼지 못하였던 여러 가지 과일 향이 와인에서 나는 것은 여러 종류의 에스테르가 발효 과정 혹은 숙성 과정에서 생기기 때문이다. 와인 향의 원인이다.

잔당Residual sugar

발효가 끝난 후 에도 와인에 남아 있는 당을 잔당이라 한다.

잔당에 의하여 달게 느껴지며, 양에 따라서 dry wine(달지 않은 와인, 2~4g/ℓ)과 sweet wine(단 와인, 50~150g/ℓ)으로 나뉜다. 잔당은 주로 발효되지 않는 당인 아라비노즈와 람노즈이지만, 발효 후에도 남아 있는 과당과 포도당도 중요한 역할을 한다. 이외에 달게 느끼게 하는 물질로 글리세롤이 있는데 단맛이 포도당의 70%이다.

보당Chaptalisation

당도를 조절하기 위하여 발효하기 이전에 설탕을 포도즙에 첨가하는 것을 보당Chaptalisation이라 한다. 와인 발효에 설탕을 첨가하는 것은 1815년, 나폴레옹 전쟁이 끝날 때까지는 프랑스에서 공식적으로 인정하지 않았다. 화학교수였던 Jean-Antoine Chaptal 씨는 그 당시 내무장관을 역임하였고 상원의 재무위원이었다. 그는 당시 과잉 생산된 사탕무 설탕으로 고민하던 중 이를 와인에 이용할 것을 권고하였다. 이후에 와인 발효에 설탕으로 보당하는 것을 "Chaptalisation"이라고 불렀다. 이 단어는 아마도 Chaptal 씨의 처사가 정도(正道)가 아니라고 비하하는 뜻이 포함된 듯하다.

기온이 서늘하여 포도의 당 함량이 낮아서 와인 담그기에는 부족한 지역이 많다. 따라서 어떠한 형태이든 보당을 하여 부족한 당분을 보충하여 주어야 한다. 이탈리아, 스페인, 프랑스의 일부 지역 그리고 미국의 캘리포니아주에서는 엄격히 설탕 첨가를 규제한다. 그러나 기타 기역에서는 상황에 따라서 허가하거나, 혹은 전혀 문제로 삼지 않는다. 당 분해 최종산물인 알코올을 생산하는 효모에게는 포도 자체의 당, 사탕무 설탕, 사탕수수 설탕 및 기타 어떠한 종의 식물에서 만들어진 당이든 다를 것이 없을 것이다. 단지 문제가 된다면 당 이외의 성분이 희석될 수 있다는 점일 것이다.

또한 알코올도 약간 달게 느껴진다. 단 와인을 만들려면 발효 도중에 잔당 양을 많게 하든지, 혹은 당을 첨가한다. 포도즙을 첨가하거나 혹은 포도즙 농축액을 첨가하는 것이 가장 보편적이며 합법적이다. 설탕을 첨가할 수도 있지만 일부 국가에서는 상업적인 스위트 와인 제조에 설탕 첨가를 금하고 있다. 잔당이 있는 와인은 효모를 비활성화시켜 재발효를 방지하여야 한다.

발효 억제

발효 억제는 스위트 와인 제조 과정 중의 하나이다. 발효는 효모에 의하여 진행되므로 효모를 비활성화시키면 발효가 억제된다. 스위트 와인은 발효 도중에 당분 양이 많이 남아 있을 때 효모의 활동을 중단시키든지 혹은 와인에 당을 첨가하여 만들 수 있다. 그러나 와인에 잔당과 살아 있는 효모가 혼재하면, 효모가 활성화되어 재발효를 일으켜서 다량의 탄산가스를 발생하여 와인이 흘러넘치며, 심할 경우에는 와인 병이 터진다. 따라서 효모를 재활성화하지 못하도록 하여 발효를 억제한다. 발효 억제 방법은 다음과 같다.

저온 처리

고급 와인 제조에 사용된다. 효모는 스트레스하에서 키우면 쉽게 비활성화할 수 있다. 즉 발효 도중에 발효를 억제할 계획이면 미리 양분이 결핍된 상태(질소원의 무 보충)와 10~12℃의 저온에서 발효한다. 이렇게 하면 발효는 4~6주 정도 늦어지지만, 저온에 의한 효모 억제는 쉬워진다.

발효 과정에서 목표로 하는 당도가 되면 속히 4℃의 저온처리를 하여 효모의 활동을 정지시킨다. 이후 5~8℃에서 장시간 보존하면 효모가 불활성화되어 재발효를 방제할 수 있다.

자연 발효 정지

인위적인 조작을 하지 않아도 자연적으로 발효가 정지될 수 있다. 즉 영양이 부족한 상태에서 당도를 높게 하면 효모가 자신이 만든 알코올에 대한 저항력이 감소되어 사멸하게 된다. 이 방법의 단점은 잔당 양을 정확히 예측하기가 어렵다는 것이다.

알코올 첨가

효모는 알코올 농도가 18% 내외에서 사멸한다. 따라서 발효 중의 와인 내 당도가 원하는 농도에 다다르면 알코올을 첨가하여 효모를 사멸시킨다. 이 방법은 포트, 셰리, 마데이라 등과 같은 디저트 와인 제조에 사용된다.

효모억제 화학약품 처리

가장 일반적으로 이용되는 화학약품으로는 소르빈산과 소르빈산칼륨이다. 소르베이트는 효모의 증식만을 억제하고, 효모의 활성은 억제하지 못한다. 즉 효모가 다량 존재하는 경우에는 효과가 없다. 따라서 장기간 숙성, 혹은 여과한 후 효모의 농도가 낮을 때 소르베이트의 효과가 크다. 와인에 당을 첨가한 후 병에 담기 직전에 200~250ppm의 소르빈산칼륨을 첨가한다. 소르베이트는 효모만 억제하고, 세균에는 효과가 없으므로 아황산염 약 30ppm을 함께 처리하여야 한다.

열처리

매우 오래된 방법으로 와인을 80℃에서 수초 간 열처리한 후 즉시 냉각시키는 방법이다. 와인의 신선한 맛이 감소되며 재차 효모가 자연 접종되는 단점이 있다.

여과법

와인을 병에 담기 전에 여과기를 통과하여 효모 및 대부분의 세균을 여과시켜 제거하므로 재발효를 방지할 수 있다. 최근에 여과 방법이 다양하게 발전하였으므로 대부분의 와인공장에서 여과방법이 보편적으로 시행된다.

2차 발효와 숙성

1차 발효(주 발효)가 끝나면 밀폐된 발효조에 옮겨 공기를 차단한다. 1차 발효 중에 생긴 탄산가스와 1차 발효 시 완전히 발효되지 않은 잔당이 더 발효하면서 발생하는 탄산가스가 서서히 빠지고 맛과 향미가 조절된다. 이 과정에서 자연적으로 사과산이 젖산으로 변하는 젖산 발효가 일어나 맛을 좋게 하므로 이 과정을 촉진하기 위하여 인위적으로 젖산균을 접종하여 반응을 촉진시킨다.

레드 와인의 경우는 전통적으로 참나무 통에서 후 발효를 하지만 참나무 통 발효는 경험을 가진 전문가가 아니면 실패할 확률이 있다. 최근에는 대부분의 숙성 기간 동안 스테인리스 발효 통을 쓰고 있으며 짧은 기간 참나무 통에서 보관하여 향을 첨가하거나 참나무 통 대신에 참나무 절편을 사용하기도 한다.

젖산 발효

와인 제조에서 2종류의 발효가 일어난다. 제일 중요한 것은 효모에 의한 알코올 발효로 당분을 분해하여 알코올을 만드는 것이고, 다음에는 세균에 의한 젖산 발효로 와인에서 목을 자극하는 신맛을 내는 사과산을 부드러운 감을 주는 젖산으로 만들어 와인의 느낌을 좋게 해주는 것이다. 젖산 발효를 일으키는 균은 젖산세균의 일종으로 스트렙토카세아과(Streptococcaceae)에 속하는 루코노스톡 오노스[*Leuconostoc oenos*]이다.

이 세균은 그람Gram양성이고, 코로바칠로이드[*cocobacilloid*]이며, 사슬모양으로 연결된 형태이다. 이상 발효 세균으로 5탄당인산경로로 당을 분해하여 젖산, 에

틸 알코올과 탄산가스를 만든다. 사과산을 탄소원으로 이용할 수도 있다. 젖산
발효는 와인의 총산도를 낮추어, pH를 높여서 신맛을 경감시키므로 사과산이
많아서 신맛이 강한 포도로 와인을 제조할 때 매우 유익하다.

포도에 묻은 야생 균주에 의하여 포도발효 시 자생적으로 젖산 발효가 이루어지
기도 하지만, 대부분 특성이 알려진 개량 배양 균주를 사용한다. 1차 발효가 끝나
고 착즙 후 접종한다.

유럽과 미국 등 와인 선진국에서는 레드 와인 제조 시 젖산 발효를 필수적으로
한다. 우리나라에서는 아직 여기에 대한 연구가 미진하여 시행하지 못하고 있다.

참나무 통

와인을 참나무 통에서 발효 및 숙성시키면 참나무 향과 타닌이 첨가되는데, 특
히 참나무판자의 미세한 공극을 통하여 산소분자가 유입되어 와인이 매우 완만
한 산화작용을 한다. 따라서 와인의 복합적인 향을 증가시키며, 투명도도 높이
고 색깔도 좋게 한다.

참나무는 250종이 있는데 주로 와인 보관용 참나무 통으로 사용되는 참나무는
3종이다. 크게 유럽 참나무와 미국 참나무로 나누는데 유럽 참나무는 영국 참나
무와 프랑스 참나무이다. 프랑스 참나무는 나뭇결이 곱고, 향이 풍부하므로 최
상급으로 평가되어, 주로 와인 숙성용으로 사용된다. 영국 참나무는 나뭇결이
거칠고, 향이 적어 주로 코냑 숙성용으로 사용된다. 미국 참나무는 유럽 참나무
와는 다른 독특한 향을 지니고 있으며 품질도 우수하다. 최근에 많이 사용되고
있으며 가격이 가장 저렴하다. 제조하려는 와인의 특성을 고려하여 참나무 종류
를 결정한다.

갓 베어낸 참나무 널판자는 수분이 55% 정도이므로 3년 정도 건조시킨 후 수분

사진제공 보르도 포도주협회(CIVB), Ph. Roy

을 15% 이하로 낮추어 강화시킨다. 건조시키는 방법에는 건조기를 사용하는 방법과 자연 건조방법이 있다. 건조기에서 건조시킨 것은 와인 맛을 떨어뜨리고 와인에서 풋냄새까지 나게 해 좋은 품질이 나오지 못한다. 자연 건조시킨 참나무는 와인의 우아한 향과 복합적인 맛, 그리고 부드러운 촉감을 향상시킨다.

모든 참나무 널판자는 열처리를 해 유연하게 하여 술통으로 가공하기 쉽게 한다. 온도를 120~180℃에서 약 20분간 처리하는 것을 약한 열처리(light toast), 200℃에서 30분간 처리하는 것을 중간 열처리(medium toast), 225℃에서 35분간 처리하는 것을 강한 열처리(heavy toast)라 한다. 이렇게 되면 통 속은 진한 검은색으로 된다. 열처리 정도에 따라서 우러나오는 향과 색이 다르므로 원하는 와인의 특성에 따라 적당한 것을 선택한다.

참나무 통에서 발효하면 유리나 스테인리스 통이나 다른 발효 통에서 발효하는 것보다 품질이 우수한 와인이 생산된다. 그러나 발효 도중에 쉽게 산화되며, 오염의 위험도 높으므로 매우 숙련된 기술을 요구한다. 일반적으로 스테인리스 통에서 발효를 시킨 후 압착한 와인을 참나무 통으로 옮겨서 숙성시킨다. 숙성 기간은 포도 품종, 참나무 통의 크기와 재사용된 횟수, 원하는 와인의 특성, 온도 등에 따라서 달라진다.

레드 와인의 경우 처음 사용되는 57ℓ 통에 4~6주간 숙성시키는데, 재사용 횟수에 따라 숙성 기간이 길어진다. 참나무 통에서 지나치게 오래 숙성시키면 나무 냄새가 많이 나기 때문에 이를 방지하기 위해 매주 맛을 보면서 숙성 기간을 결정하여야 한다.

참나무 절편(oak chip) 참나무 통은 값이 비싸고, 다루기 힘들므로 참나무 절편을 와인에 넣어서 참나무 향을 추출한다. 프랑스 참나무와 미국 참나무 절편이 있고, 열처리 정도에 따른 등급도 있다. 품질도 다양한데 최고 품질을 사용할 것을 추천한다. 사용량은 목적하는 와인 특성에 따라 결정되지만 일반적으로 화이트 와인은 1~2g/ℓ 로 1~2주간이며, 레드 와인은 2~4g/ℓ 로 1~2주간이다.

참나무 추출액(oak extract) 참나무 절편을 에탄올에 담아두면, 참나무 향이 추출된다. 이것을 참나무 추출액이라 한다. 추출 기간과 절편 양에 따라서 향의 농도가 다르다. 일반적인 첨가량은 화이트 와인은 2㎖/ℓ 이고 레드 와인은 4㎖/ℓ 이다. 목적 와인에 따라서 첨가량이 조정된다.

정제 및 여과

후숙 과정 중에는 우선적으로 발효 과정에서 활동하던 효모가 발효가 끝난 후에 죽어 밑에 가라앉기 때문에 이를 제거해야 한다. 또한 와인 속에 존재하는 주석산염이 결정을 만들며 가라앉기도 한다. 때문에 위의 맑은 부분을 취하고 밑의 퇴적물을 제거하는 정제 작업을 해야 한다. 그런 다음 안정화 작업을 하고 최종적으로 병입한다.

정제Racking

와인의 발효 및 숙성 기간에 포도의 부스러기, 죽은 효모, 숙성 중에 일어나는 이화학 반응으로 생기는 여러 화학물질의 침전물로 생긴 퇴적물이 탱크 밑에 쌓인다.

이 퇴적물을 제거하지 않으면 분해되기도 하고 산화되어 좋지 않은 냄새를 풍기기도 하고 와인을 오염시키기도 한다. 정제는 맑은 와인과 퇴적물을 분리시키기 위하여, 퇴적층 위의 와인을 새로운 탱크로 옮기는 것을 말한다.

정제는 침전물을 제거하여 와인을 맑게 하는 것이 주 목적이지만, 산소 공급 혹은 휘발성 부산물의 발산 등 특수한 경우에도 정제를 한다. 대형 발효 탱크에는 배수관이 몇 개 있다. 맨 밑에 있는 배수관은 모든 퇴적물을 제거하기 위한 것이며 밑에서 약 20cm 위에 있는 배수관은 와인을 옮기기 위한 것이다. 일반적으로 퇴적층은 이 배수관보다 낮으므로 상층부에 있는 와인만 뽑아 새로운 탱크로 옮긴다.

새 탱크에 와인을 가득 채워 탱크 상단부와 와인 상단면 사이에 공간이 없도록 한다. 이를 탑 업top up이라 한다. 가득 채우지 못하여 공간이 생기면 이 부분에 공기가 차게 되는데 이 공기 중의 산소에 의하여 호기성 잡균이 번식하면서 와인을 산화시키며 변질시킨다. 부득이 가득 채울 수 없을 경우에는 탄산가스나 질소, 아르곤 등 비활성 기체로 빈 공간을 채워서 산소를 제거하여야 한다. 정제 시에 살균을 목적으로 아황산염을 첨가할 수 있고, 산도를 조정하기 위하여 유기산을, 당도를 조절하기 위해 설탕 등을 첨가할 수도 있다. 또한 맛과 향을 향상시키기 위하여 다른 와인을 섞을 수 있는데 이를 블렌딩blending이라 한다.

와인을 여러 번 옮길 수도 있는데 첫 번째 옮기기는 2차 발효 시작 후 3주 만에 하며, 두 번째, 세 번째 옮길 때는 각각 약 3개월 후에 한다.

안정화 작업 Stabilization

와인을 병에 담았을 때 뿌옇게 탁해지거나 침전물 혹은 결정체가 병 밑에 퇴적되는 것을 방지하여야 한다. 퇴적의 원인은 주로 단백질의 응집, 폴리페놀의 콜로이드, 단백질과 금속과의 결합체 그리고 주석산 결정체 때문이다. 따라서 이들을 제거해야 하는데 이 작업을 안정화라 하며 또한 미생물의 작용을 억제하는 것을 미생물 안정화라 한다.

저온 안정화cold stabilization

와인에는 다량의 주석산이 존재한다. 이들은 칼륨과 결합하여 potassium bitartrate salt, $COOH-CH(OH)-CH(OH)-COOK$이 되어 결정체가 되며 이것의 비중은 2gr/cc으로 포도즙에 잘 녹는다. 그러나 이것은 알코올에서 pH가 낮은 용액보다는 높은 용액에서, 그리고 온도가 낮으면 용해도가 감소되어 침전하는데 이 결정체가 침전되는 현상을 주석산 분리라 한다. 따라서 발효가 진행되어 와인이 된 다음 저온(0~5℃)에서 약 3주간 저장하면 주석산염이 침전되어 탱크 밑에 유리조각과 같은 절정체가 생긴다. 그러면 밑의 결정체가 섞이지 않게 위의 액을 살짝 옮기는 정제 작업을 하여 이를 제거해야 하는데 이 과정을 저온 안정화라 한다.

단백질 안정화protein stabilization

포도즙 내의 단백질 함량은 100~800mg/ℓ이다. 발효 과정에서 단백질량이

40% 내외로 증가할 수도 감소할 수도 있다. 이 단백질이 와인을 뿌옇게 하므로 청명한 와인이 되게 하려면 이를 제거하여야 한다. 와인 내 단백질은 산성에서 +극성을 띠므로 −극성을 가지는 벤토나이트 혹은 실리카겔을 첨가하여 침전시

타닌 제거tannin reduction

와인에 타닌 함량이 지나치게 높으면 떫은맛이 난다. 특히 화이트 와인에서는 쓴맛을 내고 황색을 띠게 한다. 타닌은 단백질과 결합하여 침전하므로 타닌 제거제는 대부분 단백질이다. 일반적으로 젤라틴, 카세인, 부레풀, 계란 흰자위와 PVPPpolyvinylpolypyrrolidone가 사용된다.

젤라틴gelatin은 동물 조직에서 만들어지며 콜라겐이 주원료이다. 제조 과정을 거쳐 흰색 분말이나 판상으로 되어 시판된다. 젤라틴은 자체 무게의 10배에 해당하는 수분을 흡수할 수 있다. 젤라틴의 등전점isoelectric-point은 pH 4.8~5.2로 와인의 산도보다 높으므로 양이온으로 대전한다. 젤라틴은 페놀 중합체와 결합을 더 잘 한다. 따라서 신생 와인보다는 숙성된 와인에 더 유효하다. 와인의 떫은맛과 쓴맛을 경감시키고, 압착기로 짜낸 포도의 자극적인 맛을 감소시킨다. 그러나 이것을 지나치게 많이 사용하면 와인의 향과 특징을 경감시킨다.

적정 사용량은 50~100mg/ℓ 이나 압착기로 짜낸 포도는 경우에 따라서는 200mg/ℓ 까지도 사용한다. 젤라틴 용액의 제조방법은 끓는 물에 젤라틴 분말을 1% 정도 서서히 가하며 젓는다. 완전히 용해된 다음 뜨거운 상태로 와인에 붓고 휘저어서 고루 분포되도록 한다. 젤라틴 용액은 식으면 굳어진다. 젤라틴을 첨가 후 1~2주 후에 정제와 여과를 한다.

부레풀isinglass은 생선의 부레에서 추출한 단백질이다. 적은 양(10~50mg/ℓ)으로도 효과가 매우 높다. 특히 단일 페놀과 결합을 하며 화이트 와인에 효과가 크다. 부레풀의 사용 방법은 다음과 같다. 냉수 10ℓ에 10g의 주석산과 4.4g의 메타중아황산칼륨을 넣고 모두 녹을 때까지 잘 섞는다. 이때 부레풀을 100g 첨가해 용해시킨다. 다음 날에도 여러 번 저어주면 용액은 점도가 높아지며 젤리 모양으로 된다. 이 용액은 며칠간 방치하여도 된다. 이 용액은 1mℓ당 부레풀이 10mg 포함된 원액이다. 따라서 와인 1ℓ에 부레풀 50mg을 넣으려면 원액 5mℓ를 첨가하면 된다.

계란 흰자위egg-white에는 단백질이 10% 정도 있다. 계란 흰자위는 레드 와인을 부드럽게 하는 데 가장 좋다. 계란을 깨어 흰자위만을 분리하고, 이것을 0.5~0.9% 되는 식염수에 넣고 매우 잘 저어서 녹인다. 계란 흰자위 약 15개에 1ℓ의 식염수 비율로 녹인다.

계란 사용량은 레드 와인 225ℓ에 1~2개이다. 약 1주일 후에 정제와 여과과정을 거쳐 침전물을 제거한다.

킨 후 여과하여 제거한다.

벤토나이트는 점토로서 입자가 매우 작은 분말 형태이다. 사용 전에 벤토나이트 5%(w/v)를 뜨거운 물에 하루 정도 불리면 점도가 높은 진흙이 된다. 이를 와인에 넣고 고루 확산되게 서서히 저어준다. 그러면 벤토나이트 입자는 단백질을 신속히 흡착한다. 온도는 15~20℃에서 효과적이다. 사용량은 0.2~1.5g/ℓ이다. 벤토나이트를 지나치게 많이 사용하면 색소와 향기를 감소시키며, 좋지 않은 냄새가 나는 경우도 있고, pH도 높여 버린다. 처리 시기는 저온 안정화 며칠 전에 온도를 상온으로 높이고 벤토나이트를 첨가한 후 며칠 동안 침전시키고 난 다음에 온도를 낮추어 저온 안정화를 거친다. 마지막으로 여과과정을 거쳐 주석산염 침전물과 벤토나이트를 동시에 제거한다.

실리카겔은 콜로이드 상태로 표면이 매우 강한 음성으로 대전하므로 단백질을 신속히 흡착한다. 상용 실리카겔은 30% 현탁액이다. 와인에 대한 사용은 0.1~0.25㎖/ℓ이다.

미생물 안정화Microbial stabilization

미생물 안정화는 미생물 살균과는 다르다. 와인 속에는 수많은 미생물이 존재한다. 이들은 살아 있지만 대부분이 휴면상태이므로 크게 문제되지는 않는다. 그러나 가끔 이들의 활동이 와인의 품질과 보존에 문제를 일으키기도 하므로 미생물을 제거해야 한다.

간단한 미생물 안정화방법은 정제이다. 많은 미생물들은 단백질, 타닌과 함께 침전하므로 정제 시 이들과 더불어 제거된다. 장기간 보존해야 하는 와인에는 살균제가 필요한데 가장 많이 사용되는 살균제는 아황산가스이다.

0.8~1.5 mg/ℓ 아황산은 세균과 효모를 대부분 죽인다. 소르빈산은 효모의 증식

을 억제할 수는 있지만 일부 세균은 효과가 없을 뿐만 아니라 소르빈산을 분해하여 역한 냄새를 낸다. 열처리를 하여 미생물을 죽일 수 있고, 여과를 하여 미생물을 걸러낼 수도 있는데 이것도 보편적인 방법이다.

여과Filtration

여과 방법은 매우 다양하여 목적에 따라서 적당한 방법을 선택하는 것이 매우 중요하다. 거친 여과는 와인 내에 부유하고 있는 포도의 잔재 등 비교적 큰 입자를 제거하여 탁한 와인을 맑게 한다. 미세 여과는 와인 내의 효모와 세균을 포함한 미생물 대부분을 제거한다. 만약에 와인이 당분을 가지고 있으면 병입 후 재발효할 수도 있다. 따라서 효모를 완전히 제거한 무균상태에서 병입을 해야 하므로 철저한 여과는 필수이다. 따라서 스위트 와인sweet wine, 세미 스위트 와인semi-sweet wine, 오프 드라이 와인off-dry wine 등은 미세 여과를 반드시 거쳐야 한다. 그러나 지나치게 섬세한 여과는 와인의 필수 요소까지 제거해버려 맛을 감소시킬 수도 있다.

여과 방법은 (1)심층여과와 (2)표면여과로 크게 2종류로 구분한다.

(1) 심층여과depth filtration

심층여과는 제거 대상 입자를 여과매체의 내부에서 거른다. 여과매체는 대상 입자보다 몇 배나 두껍다. 압력으로 와인을 심층여과기에 밀어 넣으면 와인 내의 대상 입자가 여과매체 속의 통로를 지나가면서 비틀리고 곡선인 부위에 걸려서 통과를 못하고 걸러진다.

심층여과의 장점은 여과대상 입자가 매우 많은 와인을 걸러낼 수 있다는 것이다. 즉 압착기에서 짜낸 직후의 탁한 포도즙과 발효가 바로 끝난 불투명한 와인을 효과적으로 거를 수 있다는 것이다. 단점은 와인 주입 압력이 너무 강하거나 여과를 너무 오랫동안 하면 입자가 여과 판을 통과하여 맑은 와인 쪽으로 이동할 수가 있다는 점이다. 심층여과방법은 Kieselguhr 여과와 판상여과Sheet filtration의 두 가지가 있다.

Kieselguhr 여과earth filtration

Kieselguhr는 독일 광산에서 캐내는 규조토로서 수백 만 년 전 북해에서 서식하던 규조류의 잔해가 퇴적되어 생긴 흙을 말한다. 이 규조토를 고운 가루로 마쇄한 후 산과 알칼리로 처리하여 순수한 규소로 만든 것을 규조토라 한다. 이 규조토를 물과 개어서 판상으로 만들면 다공성을 갖게 되면서 통로가 비틀리는 구조로 된다. 이를 이용하여 와인 발효 직후 부유물이 많은 탁한 와인을 거르는 여과매체를 만든다. 회전진공여과기rotary filter로 사용된다.

회전진공여과기는 커다란 드럼통 모양의 원통형으로 표면은 미세한 구멍이 난 강철로 되어 있다. 원통 아래 부분은 규조토가 섞인 와인에 담겨 있고, 상반부는 공기에 노출되어 있다. 원통을 돌리면서 내부에 진공을 만들어주면 와인과 규조토가 내부로 들어오게 되고 들어온 이 규조토가 표면에 쌓이면서 다공성 층을 이루어 여과기가 된다. 이 층을 통과한 여과된 와인은 원통 내로 들어오게 되는데 이를 펌프로 뽑아낸다.

판상여과Sheet filtration

Plate & frame filtration 혹은 pad filtration이라고도 한다. 규조토로 판상을 만든 후 두꺼운 플라스틱 판 사이에 규조토 판을 한 장씩 넣는다. 마치 샌드위치 모양으로, 판을 여러 개 수평으로 겹쳐 놓고 앞부분의 판을 나사로 조여 밀착시킨다. 와인을 펌프로 밀어 넣으면 두꺼운 플라스틱 판을 지나 규조토 판을 통과하여 여과가 된 다음 배출구로 나온다. 여과기에 여러 장의 규조토 판을 끼우지만 와인은 한 장만을 통과하고 배출구로 간다. 여러 장을 끼우는 이유는 다량의 와인을 동시에 많이 여과하기 위함이다.

규조토 판을 상업적으로 패드pad로 만들어 기성제품으로 출시하기도 한다.

(2) 표면여과Surface filtration

여과매체에 여과 대상물보다 작은 구멍을 만들어 이보다 큰 물체는 전혀 통과하지 못하게 하는 것이 표면여과이다. 따라서 여과 대상물은 여과매체 표면에서 걸러진다. 일반적으로 와인을 병입하기 직전에 사용한다. 장점은 완전하게 여과할 수 있다는 점이며, 단점은 미세 구멍이 쉽게 막혀서 여과가 중단될 수 있다는 점이다. 표면여과에는 Membrane filtration(Cartridge filtration)과 Cross-flow filtration(Tangential filtrartion)이 있다.

여과 막 여과Membrane filtration 혹은 Cartridge filtration

얇은 플라스틱 막에 제거할 입자보다 작은 구멍을 만들어서 와인을 밀어내면, 와인은 통과하지만 입자는 통과할 수 없으므로 여과 막 표면에서 입자가 걸러진다. 여과 막은 매우 약하여 파손되기 쉬우므로 강한 지지물질로 내부를 보호하고 있으며, 외부 전체는 스테인리스 강철로 둘러 싸여 있어 카트리지 모양을 한다.

여과 막의 구멍 크기에 따라 여과 대상이 결정된다.

즉 구멍의 직경이 1.2μm인 여과 막은 효모는 대부분 제거하되, 세균은 이 여과 막을 통과하므로 제거할 수 없다. 0.8μm인 여과 막은 모든 효모를 확실히 제거하고 세균도 대부분 제거할 수 있다.

0.45μm인 여과 막은 효모와 세균을 제거할 수 있다. 0.2μm인 여과 막은 구멍 크기가 너무 작아 모든 미생물을 걸러내지만 대신 와인의 주요 구성 물질까지도

제거하므로 맛에 영향을 준다. 따라서 와인 여과에는 적합하지 않다. 그래서 미생물에 취약한 알코올 함량이 적고, 잔당량이 높은 독일 와인은 $0.45\mu m$인 여과막을 사용하면 안전하며, 중후하면서 달지 않은 와인는 $0.8\mu m$인 여과 막을 사용하는 것이 바람직하다.

교차환류 여과Cross-flow filtration 혹은 Tangential filtration

여과장치는 와인이 여과매체를 수직으로 통과하는 과정에서 입자들이 걸러지는 구조를 하고 있다. 그 결과 여과기의 공극이 입자에 막혀 여과 작업을 중단하게 하는 단점이 있다. 이런 단점을 보완하여 와인을 여과기에 평행하게 옆으로 흐르게 하면 와인은 여과기를 통해 지나가면서 여과가 되어 깨끗해진다. 그러면 공극을 막고 있었던 입자들은 옆으로 밀려나가게 되므로 공극을 막지 못한다. 따라서 작업을 계속 할 수가 있다.

와인 섞음Wine Blending

어느 포도 품종이라도 한 품종이 와인의 모든 장점을 다 가지고 있지는 않다. 따라서 한 품종의 부족한 면을 다른 품종으로 보충하면 상승 작용을 일으켜 좀 더 향상된 와인을 생산할 수 있다. 세계적으로 와인은 대부분 서로 특성이 다른 와인 2~3종을 섞어서 품질을 개선한다. 이는 오래 전부터 유럽의 와인 제조에서 발달된 기술이었고, 단일 품종 와인을 고급으로 평가하던 미국 등에서도 최근에는 와인을 섞는 것이 품질을 향상시킨다는 것을 인정하여 이 방향으로 가고 있다. 와인을 섞어 기대되는 효과는 단일 품종 와인보다 더 균형이 잡히고, 소비자가 바라는 맛과 향을 갖출 수 있는 새로운 와인을 만들 수 있다는 것이다. 이들 조합으로 더 좋은 와인을 만들 수 있다.

와인 섞을 때의 주의사항

첫째, 정상적인 와인끼리 섞을 것. 만약에 상한 와인을 섞으면 와인 전체가 상한 와인으로 전락한다.

둘째, 산도, 색깔 및 향에서 부족한 부분을 서로 보충할 수 있는 품종과 혼합하여 보완적인 효과를 기대할 수 있다. 또한 지나치게 강하거나 원하지 않는 향을 가지고 있는 와인은 그와 다른 와인과 혼합하여 향을 조절할 수 있다. 고급 와인 품종인 리슬링, 샤르도네, 피노 누아, 카베르네 소비뇽 등은 많은 사람이 좋아하는 특유의 향을 가지고 있다. 만약에 이들과 향이 짙은 머스캣 혹은 라브루스카 품종을 섞으면 후자들의 향이 너무 강하여 전자들의 좋은 향을 잃게 되므로 이 점을 고려하여야 한다. 따라서 고급 포도 품종은 이와 대등한 품종과 섞는 것이 좋다.

셋째, 우선 소비자의 취향을 최우선적으로 고려한다. 소비자의 취향을 파악한 후 이에 부합하는 와인을 만들 때, 섞고자 하는 각 와인의 특성 즉 향, 색 및 맛을 파악한다. 그런 다음 만들고자 하는 와인의 특성에 맞는 비율 등을 정확히 계산하여 섞는다. 이를 도외시하고 제조자의 상상으로 적당히 혼합하면 소비자의 취향과 달라질 수 있다.

소비자의 취향은 그 지역의 음식, 전통, 기후 및 가장 소비가 많은 기존 와인의 특성 등을 고려하여 판단한다.

와인을 섞을 때 원하는 와인의 특성에 따라서 주가 되는 와인과 종적인 와인을 결정한다. 이들을 여러 단계의 혼합 비율로 섞은 후 전문가 혹은 여러 사람들의 의견을 종합하여 최상의 비율을 결정한다.

와인 섞음의 예

색color

포도의 색은 거의 무색에서 진한 검붉은색까지 여러 층의 색도를 가지고 있다. 따라서 적합한 품종을 색소 제공용으로 선정하여 색도를 원하는 정도로 조정할 수 있다. 그레나셔Grenache는 유럽, 캘리포니아와 오스트레일리아 등지의 더운 지방에서는 매우 중요한 품종이다. 그러나 이 품종은 색이 너무 연하다는 결점이 있다. 따라서 소비뇽Carignone과 같은 진한 적색의 포도와 섞어서 좋은 와인을 생산한다.

그러나 와인에 색깔을 교정하기 위하여 다른 품종의 포도를 섞으면 색깔만이 아니라 산도에도 변화가 나타나고 기타 성분을 희석시키는 결과도 가져온다. 그 예로 보르도 지방 카베르네 소비뇽과 메를로의 혼합주는 매우 우수하나 색깔이 옅은 것이 흠이다. 여기에 색소를 첨가하기 위하여 카베르네 프랑 와인을 섞는데 이 경우는 산도도 같이 혼입되므로 와인에 신맛이 강해져서 와인 품질이 저하된다. 따라서 카베르네 프랑을 전체의 1/3 이하로 섞는다.

이와 같이 와인 색깔을 교정하는 과정에서 일어나는 산도와 기타 성분 변화를 최소화하기 위하여 색깔용 포도 품종으로 만들어진 와인을 소량(2~5%) 첨가한다. 이런 포도는 색깔이 매우 진하므로 염색제로 인식되고 있다. 알리칸테 부쉐 Alicante Bouschet가 대표적인 품종인데 프랑스의 미디Midi 지방과 미국의 캘리포니아에서 재배된다.

코로벨(Colobel, Seibel 8357) 품종은 프랑스에서는 넓은 면적에 재배되며, 미국에서는 미국 동부의 한정된 지역에서 재배되는데 정상인 레드 와인보다 붉은색이 10배나 진하다. 색깔 교정 시 이 품종의 와인을 전체 와인 양의 5% 미만으로 섞는다.

실제로 색깔을 위해 섞는 것을 중요하게 여기고 있다. 와인 색깔의 불안정성 때문이다. 피노 누아 품종은 색이 진하지 않고, 특히 저장 숙성 기간에 색깔이 갈변하고 다른 품종에 비하여 색을 빨리 잃어버린다. 바코 누아Baco noir 품종은 프랑스 계통의 교잡종이며, 인기가 높고, 색깔도 짙지만, 이 역시 5년 정도 경과하면 색을 잃어버린다. 따라서 와인 제조에서 색깔을 지속적으로 유지시키는 품종과 섞음으로 인해 와인이 변색되어 보기 싫어지는 것을 막아준다.

진한 적색의 와인을 선호하던 시기는 지나가고 있다. 많은 사람이 머지않아 연한 레드 와인이 시장을 점유하리라고 생각한다. 이렇게 되면 레드 와인의 색을 연하게 하려고 레드 와인에 화이트 와인을 섞을 것이다. 지금도 연한 레드 와인 혹은 로제 와인을 만들기 위하여 레드 와인과 화이트 와인을 섞고 있다.

과일 향Fragrance

과일 향이 진한 포도는 향이 연한 포도와 섞어서 향기의 강도를 조절한다. 특히 미국의 동부지방에서 생산되는 미국 고유품종(V. labrusca)들의 진한 과일 향을 낮추기 위하여 캘리포니아산 중에서도 향이 연한 포도와 섞는다. 이렇게 만들어진 와인은 품질이 매우 향상되어 인기가 높다.

프랑스의 유명한 와인인 그라브Graves, 소테르네Sauternes와 발삭Barsac도 향을 향상시키기 위하여 무스카델Muscadelle 품종을 소량 섞는다. 무스카델을 섞은 와인에서는 꽃향기가 난다.

와인의 향을 향상시키기 위하여 성질이 다른 와인을 섞는다. 와인 향은 한두 가지가 아니고 매우 복합적이다. 카베르네 소비뇽의 향을 사람들이 산딸기 향, 풋고추 향 등 여러 가지로 표현하는 것으로 보아 와인의 향은 매우 복합적인 물질에 의하여 생기는 것으로 생각된다. 와인 제조에 정통한 기술자는 품종을 두 개 이상 섞음으로 뛰어난 향의 와인을 만들 수 있다.

산도Acidity

포도 품종마다 산도도 다르다. 또한 동일한 품종이라도 재배 기간의 온도 차이로 인해 지역별로 산도가 다르다.

저온지대에서 재배된 포도는 산도가 높고, 반대로 고온지대에서 재배된 포도는 산도가 낮다. 산도가 높은 와인은 너무 신맛이 강하며, 산도가 낮은 와인은 신선함과 산뜻함이 떨어진다.

따라서 적당한 신맛을 가지게 하여야 한다. 그래서 산도가 높은 품종은 산도가 낮은 품종과 섞고, 저온지대의 신맛이 강한 와인에는 남부의 산도가 낮은 포도를 섞는다.

비록 포도는 세계 많은 지역에서 재배되고 있지만, 와인 제조에 적합한 포도를 생산하는 지역은 매우 적다. 따라서 와인을 섞는 행위는 거의 모든 지역에서 이루어진다.

당도 Sweetness

포도의 산도는 재배 기간의 온도에 영향을 받지만, 당도는 햇빛과 포도 생장 기간의 길이에 영향을 받는다. 당도를 조절하기 위하여 섞는 경우는 거의 없다. 온도가 높고, 일조시수가 긴 지역에서는 포도가 완전히 익으면 당도가 너무 높으므로, 당도가 적합한 시기에 수확하면 되기 때문이다.

반면에 저온지방의 와인은 신맛이 강한데, 단맛이 신맛을 상쇄하므로 당분을 보충하여 적당한 신맛을 유지하게 한다. 독일의 경우는 와인을 완전히 발효시켜 당분을 전부 소모시킨 다음, 저온에서 비축하였던 포도즙(발효를 하지 않았으므로 원래 당도가 유지되었던 포도즙)을 섞어 적당한 단맛을 낸다.

최근에 발효기술이 발달되어 대규모 와인 공장에서는 와인 발효 과정에서 와인의 당도가 원하는 수준에 이르면 발효를 정지시킨 후 여과하여 효모를 제거하고 나서 와인의 단맛을 낸다.

타닌 Tannin

포도 품종마다 타닌 함량은 다르다. 타닌은 자연 항산화물질이며, 와인 저장성에도 많은 영향을 준다. 쓴맛을 가지고 있는데 와인에 이것이 지나치게 많으면 맛이 매우 떫어진다. 와인의 타닌 함량은 매우 조심스럽게 조절하여야 한다. 레드 와인 제조 시 포도껍질과 씨가 포도즙액과 접촉하는 시간이 길어지면 와인의 타닌 함량이 높아지고, 반대로 짧으면 타닌 함량도 낮다.

보르도 와인은 품종을 2종 이상 섞어서 타닌 함량을 조절한다. 예를 들어 카베르네 소비뇽 품종으로 만든 와인은 향과 맛이 좋은 반면에 타닌 함량이 높아서 떫으며, 숙성이 느리다. 반면에 메를로 품종은 타닌 함량이 낮고, 숙성이 빠르지만 맛이 매우 단조롭다. 보르도 지방의 우수한 많은 와인은 카베르네 소비뇽과 메를로를 적당히 섞어서 만든다. 미국 와인업자들도 카베르네 소비뇽 단일 품종의 와인을 만들었지만, 최근에는 메를로 및 기타 포도와도 섞어서 고품질의 와인을 생산한다.

숙성도Maturity

산화와 숙성 정도는 와인의 혼합으로 조절할 수 있다. 숙성을 오래 한 와인과 숙성을 짧게 한 와인을 섞으면 맛과 향이 향상된다. 그러나 숙성 기간 중 변질된 와인은 좋은 와인과 절대로 섞어서는 안 된다.

병에 담기|Bottling

마지막으로 와인을 병에 담는 작업이 남았다. 규모가 큰 양조장에서는 입병 작업이 기계화되었지만 아직도 많은 곳에서는 수동으로 시행하고 있다. 포도 재배에서부터 발효, 입병까지 모두 한곳에서 이루어지는 와인이 고급 와인으로 인정을 받고 있다.

와인은 다른 술들과 달리 입병할 시기에도 그 맛과 향이 완성되지 않고 계속 변한다는 특징이 있다. 빈티지가 좋은 와인들은 병에 담아서 오랫동안 보관해 둠으로써 그 가치가 더 높아지는 것을 볼 수 있다. 일반 와인도 보통 병에 담아 3개월 정도는 숙성시킨다. 그러나 모든 와인을 오랫동안 저장 숙성시키는 것이 좋은 것이 아니다. 와인의 종류에 따라 병 숙성 기간이 다르다. 병을 보관할 때는 10~15℃의 냉암소에서 옆으로 뉘어서 보관하는 것이 좋다. 보관 장소의 습도가 중요한데 너무 습하면 곰팡이가 생기고 너무 건조하면 코르크 마개가 말라 품질을 저하시킬 수 있다.

와인을 담는 용기의 종류와 마개를 하는 재질은 와인의 품질에 영향을 미친다.

용기containers

와인이 완성되면 적당한 용기에 담아서 보관해 운송을 한다. 이때에는 와인의 품질 보존이 우선적으로 고려되어야 한다. 품질 변화에 영향을 미치는 요인은 용기의 크기와 산소의 투과성이다. 용기 내에서의 화학작용은 주로 와인과 용기의 접촉면에서 이루어진다. 용기가 작을수록 상대적으로 접촉 면적이 커지며, 반대로 용기가 클수록 접촉 면적이 작아진다. 따라서 작은 용기에서는 와인 변화 작용이 활발하므로 보존 기간이 짧다. 산소의 투과성은 용기의 재질과 밀접한 관계가 있다. 산소의 투과가 용이하면 와인이 쉽게 산화되어 장기간 품질 보존을 하기가 어려워진다. 과거에는 양가죽 자루를 사용해 많은 문제점이 있었으나, 현재는 여러 종류의 용기 소재가 개발되어 보관과 수송이 매우 편해졌다. 이것들에도 소재별로 각각의 장단점이 있다.

유리병Glass bottles

유리병은 와인 용기로서 최고의 발명품이다. 장점은 유리병은 와인과 화학작용을 일으키지 않고, 색깔을 오염시키지도 않으며 공기를 전혀 투과시키지 않으므로 산소의 유입도 완전히 차단할 수 있다. 또한 병 모양과 크기뿐만 아니라 채색도 원하는 대로 만들 수 있다. 단점은 잘 깨지며, 무겁고, 자외선을 투과시키기 때문에 와인 품질을 저하시킨다는 것이다. 특히 매장에서 형광등과 가까워 직접 광선을 받는 위치에 있으면 광화학적 작용을 일으켜 품질 저하가 가속된다.

플라스틱 병Plastic bottles

플라스틱 병은 PVC(polyvinyl chloride)와 PET(polyethylene terephthalate)의 두가지 종류가 있다.

PVC 병은 가격이 저렴하고, 매우 가벼우나, 공기의 투과가 용이하므로 대기 중

산소가 침투해 와인의 보존 기간이 매우 짧다. 따라서 단기간에 소비되는 일일용 와인 용기로 적합하며 프랑스에서 주로 사용한다.

PET 병은 공기의 투과를 차단하므로 맥주 혹은 콜라 등 탄산음료용 용기로 사용된다. 영국에서는 항공기 내 소비용 와인 병으로 187.5cc(1/4 size) PET 병을 사용한다. 이는 가볍고, 위험한 무기로 변조될 가능성도 낮기 때문이다. 비록 산소의 침투를 차단하지만 와인 보존기간은 3~6개월이다.

종이 상자Bag-in-box

액체와 공기가 통과할 수 없는 합성수지 자루를 종이상자에 넣고 여기에 와인을 채우는 방식으로 1970년대에 미국에서 발명되었으나, 호주에서 주로 이용한다. 2004년에는 호주에서 생산되는 와인의 53%, 영국계 나라에서는 약 12%가 이런 방식으로 포장되었다. 한때는 사용률이 주춤하였으나 최근에는 다시 증가하여 약 3배씩의 증가율을 보이고 있다. 이 방식의 장점은 2ℓ에서 10ℓ까지 비교적 다량의 와인을 담을 수 있으며, 비교적 대량포장이므로 와인을 장기간 보존할 수 있다는 것이다. 3ℓ들이 상자로는 약 9개월간 보존할 수 있다. 특히 냉장고의 대형화가 종이상자 와인의 인기를 부축이고 있다. 현재에도 합성수지의 발달이 계속되고 있으므로 더욱 대중화가 될 것이다.

병마개Closures

천연 코르크Natural cork

전통적인 와인 병 병마개로는 천연 코르크가 오랫동안 사용되어 왔다. 천연 코르크는 값이 저렴하고, 구하기도 쉬우며, 재활용이 가능하고, 생물학적 분해도 잘 되며, 와인 숙성에 필요한 미량의 산소를 통과시켜 적당한 산화작용을 진행하므로 복합적인 와인 향과 맛을 추가시킨다. 또한 압력을 적절히 가하면 수축되지만 압력을 풀어주면 곧 복원되어 원래의 모양으로 돌아가므로 꽉 끼는 확실한 병마개로 이용된다. 단점으로는 코르크 마개 위에 미생물이 번식할 수 있으므로 와인을 오염시키며, 특히 코르크 틈새에 자라는 푸른곰팡이와 와인에 있는 염소 화합물과 화학작용을 하면 TCA(trichloranisole)가 생산되어 곰팡이 냄새가 심해진다는 것이다. 또한 장기간 저장하면서 코르크 표면에 여러 가지 곰팡이가 자라서 보기가 매우 나쁘므로 일정한 간격으로 코르크를 교체하여야 한다. 이와 같은 문제점을 해결하기 위하여 최근에 여러 가지 대체 재료에 대한 연구가 진행되고 있다.

인조 코르크Technical cork

코르크 조각을 수지로 붙여서 병마개를 만든 것을 덩이 코르크(agglomerate cork)라 하며 가격이 제일 저렴하다. 단기간에 소비할 와인용 병마개로는 적합하지만, 장기간 사용하면 와인에 의하여 부서지며 코르크 절편이 와인에 들어가게 되어 와인의 품질을 저하시킨다. 이보다 정교하게 만든 것은 알텍(Altec) 병마개이다. 이는 코르크 부스러기와 특수 플라스틱을 섞어 압착 후 가열하여 매우 견고하고 모양이 좋은 병마개이다. 가장 진보된 인조 코르크는 One-Plus-One cork이다. 이것은 인조 코르크의 위와 아래 양단에 천연 코르크를 붙인 것이다.

합성 병마개Synthetic closures

플라스틱으로 만든 병마개이다. 초기에 만든 합성 병마개는 너무 단단하여 사용하기에 매우 불편해 사용양이 적었으나, 최근에 새로운 재료가 개발되어 신축성이 향상되면서 사용하기가 편해져 점점 인기를 얻고 있다. 합성 병마개는 두 가지 결점을 가지고 있다. 첫째는 산소의 투과를 효과적으로 차단하지 못하므로 와인 보존기간이 짧다. 둘째는 방향물질을 흡수하여 와인의 향을 감소시킨다. 그런데 이러한 결점들이 보완되면서 합성 병마개 사용도 증가 추세에 있다.

알루미늄 나선 병마개aluminium screwcap

알루미늄 병마개는 소주, 콜라, 사이다 및 여러 가지 드링크제의 병마개로 오래 전부터 사용되어 왔지만, 지금까지는 알루미늄 병마개를 사용한 와인은 싸구려로 취급되어 와인 공장에서는 사용을 기피하고 있었다. 그러나 알루미늄 병마개의 유리한 점이 부각되면서 최근(2005)에는 호주 및 세계의 유수한 와인 공장에서 사용되고 있으며 이는 점차 증가 추세에 있다. 알루미늄 병마개의 장점은 잡균의 번식 등으로 인해 오염되는 일이 없으므로 와인 품질을 보존할 수 있고, 새로운 향(tertiary aromas)을 증진시키며, 병마개를 열고 닫는 데 특별한 기구가 필요하지 않고, 산소의 침투를 효과적으로 차단한다는 것이다. 영국 내의 많은 와인 전문 업체는 본 병마개를 선호하고 있다. 아마도 머지 않아 신대륙에서 알루미늄 병마개가 와인에 보편적으로 사용되리라고 생각한다.

5. 와인 담그기

레드 와인Red wine

포도 품종

레드 와인은 자주색 포도로 만든다. 우리나라에서 가장 많이 재배되는 품종으로는 캠벨Campbell's early과 머루포도Muscat Bailey A(일명 MBA)가 있으며, 외국에서는 일반적으로 카베르네 소비뇽, 메를로, 피노 누아, 가메이, 페티트 시라Petite Sirah, 바르베라Barbera와 진판델 품종 등이 이용된다. 각 포도 품종은 고유의 향과 맛을 가지고 있지만, 동일한 품종이라도 재배 방식, 환경 및 지역에 따라 색깔, 당도, 산도 및 향 등이 다양하고, 품종마다 변종이 많다. 따라서 동일한 품종으로 만든 와인이라고 해서 와인의 품질까지 동일하지는 않다. 그러므로 와인 제조 시 원하는 와인의 특성에 합당하는 포도를 선택하는 것이 중요하다.

레드 와인용 포도는 완숙하여 당도가 높고, 색과 향이 풍부하며 산도가 낮아야 한다. 즉 당도는 23Brix, 산도는 pH 3.4 그리고 총산도는 0.7%가 가장 바람직하다. 우리나라 및 북부유럽 지역은 당도가 낮으므로 보당이 불가피하다. 우리나라의 캠벨 품종은 남부지방에서는 8월 중순, 중부지방에서는 8월 하순 이후에 수확하는 것이 좋고, 머루포도MBA는 이보다 약 1개월 이후에 수확하는 것이 바람직하다. 현재 일부 농가에서 비닐하우스나 비닐 비가림으로 채광을 극대화하여 일반 노지 재배 포도보다 수확기간을 앞당기며 당도를 20Brix까지 향상시키고 있다. 레드 와인 제조의 특징은 1차 발효 시 포도즙과 씨, 열매껍질 등을 한데 버물러 발효해 색소, 향 및 폴리페놀류와 같은 생리활성 물질이 와인에 많이 포함된다는 것이다. 우리나라에서 많이 재배되고 있는 품종 3가지(Campbell's Early, MBA, 거봉)는 과피에 함유된 색소량이 달라 발효 후에 MBA는 짙은색을 보이는 반면 거봉은 그 색도가 낮아 레드 와인보다 로제 와인 양조에 적합한 품종이라 판단된다.

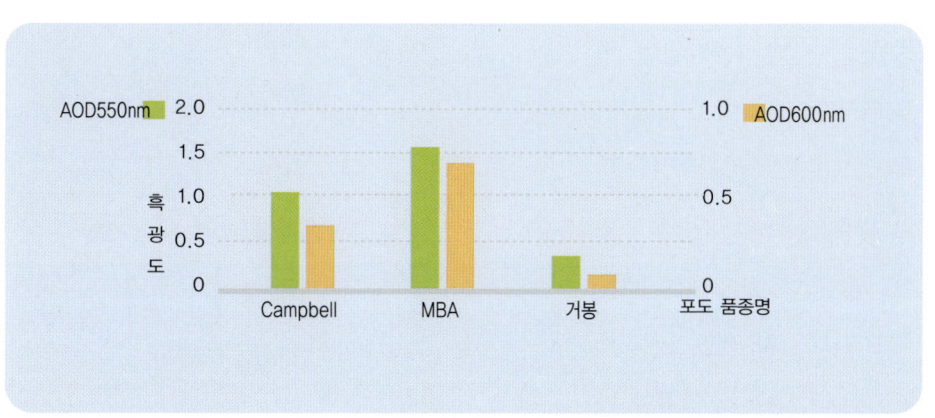

발효법

레드 와인을 만드는 방법에는 크게 3가지가 있다. 즉 전통적 또는 재래식 발효법 conventional vinification, 탄산 발효법carbonic maceration vinification, 그리고 가열 발효법Thermo vinfication이다.

재래식 발효법Conventional vinification

재래식 발효법은 포도 품종의 선택, 1차 발효, 2차 발효, 숙성 등의 과정을 거친다. 1차 발효 효모 접종 2~3일 후에는 탄산가스 발생이 현저하게 증가하여, 마치 가마솥에 물 끓는 것과 흡사한 모양을 한다. 이후부터 고형물질이 표면으로 부상하여 두터운 층을 형성한다. 이를 '캡cap'이라고 한다. 캡 밑에는 탄산가스가 축적되어 밀고 올라오므로, 캡과 밑의 액체(포도즙)가 분리된다. 포도의 색과 향과 타닌이 포도껍질, 즉 캡에 있으므로 캡을 깨뜨려 액체와 혼합시켜 색, 향, 타닌이 충분히 액체에 녹

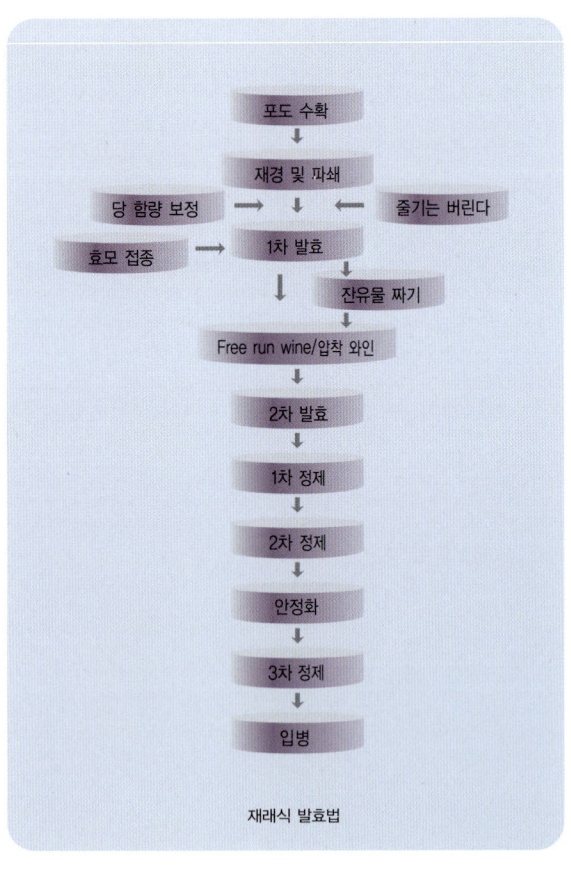

재래식 발효법

아내리게 하여야 한다. 캡은 공기 중에 장시간 노출되면 여러 가지 부패성 미생물이 자라므로 와인의 품질을 떨어뜨린다. 따라서 하루에 2회 이상 캡과 포도즙을 섞어주어야 하는데, 이 방법에 따라서 발효방식이 구분된다.

표면분쇄법punching down 큰 주걱으로 깨뜨려 액체와 혼합시킨다.

펌프방법pumping-over 대규모 시설인 경우는 펌프질하여 아래쪽의 액체를 캡 위에 고루 뿌려서 캡과 액체가 잘 섞이게 한다.

침하법submerged cap process 발효 통 중간에 철망을 설치하여 고형물질을 뜨지 못하게 한 후 캡이 즙액 속에 잠기게 한다.

전체이동법rack and return 하루에 한 번씩 발효 통의 모든 즙액을 보조 발효 통에 담았다가 다음 날 본 발효 통에 다시 부어 즙액과 과피 등 고형물이 고루 고루 섞이게 한다.

회전발효법rotary fermenter 회전판을 돌려서 모든 내용물이 고루 섞이게 한다.

이와 같은 방법 등을 포괄적으로 재래식 발효법이라 한다.

가열 발효법과 탄산 발효법은 이들과 약간의 차이가 있으므로 별도로 설명한다.

각각의 제조 방식은 서로 다르지만 2차 발효부터의 과정은 모두 동일하다.

접종 3일부터 술 냄새가 나며 색이 붉어진다. 포도의 붉은 색소는 알코올에 녹으므로(물에는 녹지 않음) 포도즙 색이 붉어진다는 것은 발효가 성공적으로 진행된다는 것을 암시한다. 캡을 저어줄 때 손이나 발이 발효 중인 포도즙에 들어가지 않도록 주의한다. 오래 둘수록 포도껍질과 씨에서 붉은 색소와 타닌의 용출이 많으므로 와인 빛이 진해지고 맛이 떫어진다. 따라서 원하는 정도의 색과 타닌이

용출되었으면 액체(와인)와 고형물질을 분리하여, 액체를 밀폐 가능한 통에 넣고 2차 발효를 한다.

2차 발효는 산소를 철저히 차단한 조건에서 발효만을 조장하여 알코올을 주로 생산한다.

숙성은 서늘한 환경에서 생물학적 및 화학적 반응을 일으켜 맛과 향을 향상시키며, 와인의 안정화를 시키는 과정이다. 와인 특성에 따라 숙성기간이 결정된다.

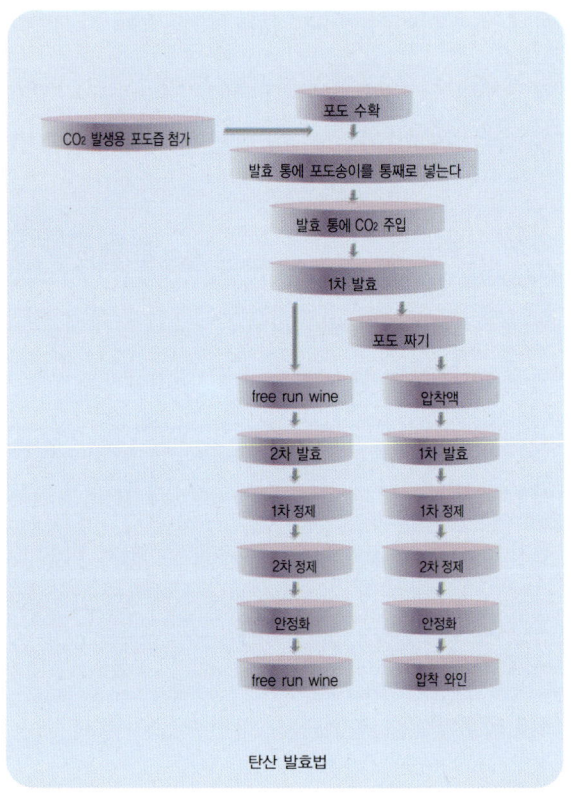

탄산 발효법

탄산 발효법 Carbonic maceration vinification

탄산 발효법은 매우 오래 전에 사용되던 발효법으로 현재에는 거의 사용되고 있지 않으나 프랑스의 보졸레 지방과 포르투갈의 뒤에르 밸리Douro vally에서 주로 행해진다. 최근에 미국 등 여러 지역에서 본 방법을 연구하고 있어 미래의 와인 제조 방법으로 주목을 받고 있는 분야이다. 프랑스에서는 이 방법으로 제조된 와인을 보졸레 누보 와인이라 하여 매년 11월 세 번째 목요일에 개봉하는 행사를 하여 전 세계적으로 광고 및 판촉활동을 하여 상당량 수출한다.

건전하고 온전한 포도송이를 통째로(마쇄하지 않음) 발효 통에 넣고 밀봉한 후 탄산가스를 주입하여 완전히 혐기성 상태로 만든다. 온도를 25~30℃ 정도를 유지한다. 혐기성 상태에서 포도 자신의 대사 작용에 의하여 포도 조직 내의 당이 에탄올로 전이되어, 일주일 정도 지난 후 개봉하면 많은 양의 와인이 우러나오며(free run wine), 포도송이를 압착하면 적지 않은 와인(pressed wine)을 생산할 수 있다. 이 둘을 각각 혹은 혼합하여 재래식과 같은 2차 발효를 시킨다. 2차 발효 기간은 6주 내외로 완결한다.

탄산 발효법의 특징은 신선하며, 발효 기간이 짧고, 농약의 잔류량이 재래식 와인보다 적으며, 항산화력이 높다는 것이다. 또한 효모의 인위적인 접종이 없어도 발효가 각각의 포도알 속에서 진행된다. 또한 온전한 포도송이를 이용하므로 포도의 마쇄 및 과경 제거 조작이 필요 없다. 발효 과정에서 발열이 일어나지 않으므로 발효 통을 냉각하지 않아도 된다. 더욱이 자체적으로 사과산 함량을 감소시키므로 미성숙했거나 산도가 높은 품종의 포도를 이용할 수 있다.

상기 사항들은 국내 생산 포도로 양조할 때 해결하여야 할 주요 문제점이다.

가열 발효법Thermo-vinification

본 방법은 과피에 있는 색소와 타닌의 추출을 발효에 의하지 않고 열처리를 통해 추출하는 방법이다. 포도 마쇄물을 60~75℃로 20~30분간 열처리한 후 상온에서 식힌 다음 효모를 접종하여 전통 발효법과 동일하게 발효한다. 이 방법은 가열하므로 다소 삶은 듯한 느낌을 준다는 것이 단점이다. 이런 단점을 최소화하기 위하여 온전한 포도송이를 뜨거운(80℃) 공기 혹은 스팀을 1~2분간 처리하면 과피의 세포는 열을 받아 죽어 색소와 생리활성 물질의 추출이 쉬워지며 반면

에 과육은 거의 열효과를 받지 않으
므로 신선감이 유지된다.

미국계 포도와 같이 과피가 두꺼워
서 색소 및 향의 추출이 쉽지 않은
품종에서 쓰이며, 동부 유럽국가에
서 사용되어 왔고, 미국의 Kosher
wine(Concord) 제조에 사용되고 있다.

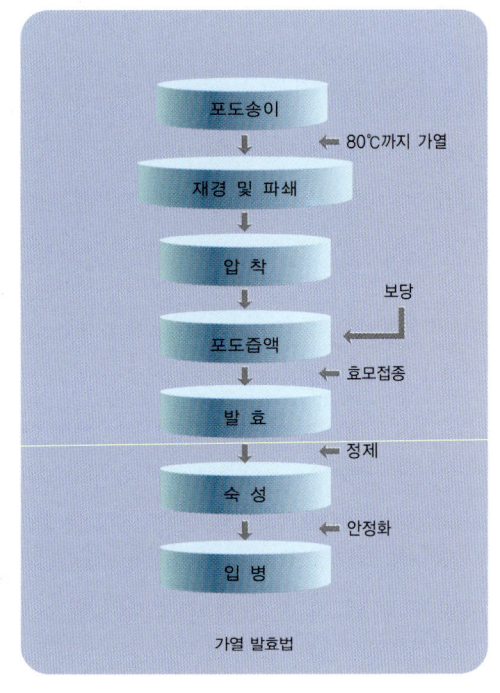

가열 발효법

화이트 와인White wine

나폴레옹시대부터 지금까지 레드 와
인이 화이트 와인보다 더 보편화되
었다. 그 원인은 고된 육체적 작업을
한 사람이 식사를 많이 할 때, 레드 와인이 잘 어울리기 때문이다. 그러나 최근
에 와서는 화이트 와인의 소비가 증가하고 있는데, 이는 사람들의 음주 성향이
변하여 식사량은 줄고 가벼운 음식을 즐기기 때문인 것으로 생각된다. 일반적으
로 화이트 와인은 타닌 함량이 낮으므로 떫지 않고, 신맛이 있으며, 알코올 농도
가 높지 않고, 향이 좋으므로 생선요리나 양념이 짙지 않은 육류요리에 잘 어울
린다.

화이트 와인을 담글 때는 청포도를 사용하지만, 적포도를 사용할 수도 있다. 외
국에서 주로 사용 되는 품종은 샤르도네, 소비뇽 블랑, 세미용, 화이트 리슬링,
게베르츠트라미너, 슈냉 블랑 등이다. 한국에서는 화이트 와인을 생산하지 않으
므로 적당한 포도 품종이 알려지지 않았으나, 현재 소량이나마 재배되는 청포도

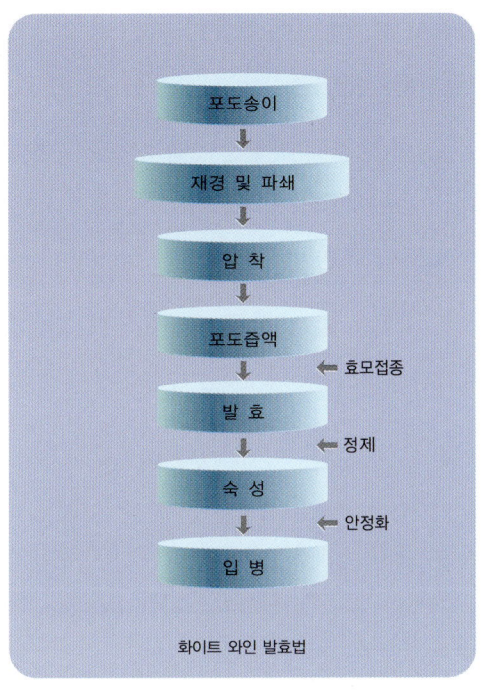

로는 네오 머스캣Neo Muscat, 나이아가라Niagara, 머스캣 알렉산드리아 Muscat of Alexandria 등인데 가격이 높으므로 경제성이 있을지는 의문이다. 화이트 와인은 레드 와인과 달리 타닌의 함량이 적어야 하기 때문에 타닌이 많이 포함된 포도껍질과 씨를 제거한 후에 포도즙을 발효한다.

포도를 파쇄한 다음 가능한 한 속히 압착기에 넣고 짠다. 포도즙으로 발효 통을 채우고, 나머지 찌꺼기(주로 포도껍질과 씨)는 버린다. 포도즙이 공기 중의 산소에 의하여 산화되어 갈변하는 것을 막기 위하여 메타중아황산칼륨을 100ppm 정도 첨가하여 갈변화와 잡균의 오염을 막는다.

포도의 총산도는 0.9%이며, 산도는 pH 3.2~3.8 정도가 적합하다. 총산도가 너무 낮으면 주석산을 첨가하여 산도를 조절한다. 일반적으로 압착할 때에 산도 조절을 해야 와인 품질이 좋아진다. 반대로 산도가 너무 높으면 물을 타서 산도를 낮춘다(amelioration). 물을 첨가하면 당도도 저하되므로 당을 첨가할 때에는 주의해야 한다. 포도즙을 하룻밤 놓아두면 부유하던 포도 잔재들이 바닥에 가라앉는다.

다음 날 상층부의 깨끗한 포도즙을 발효 통으로 보내고 침전물은 버린다. 포도의 당도가 23Brix보다 낮으면 포도즙에 보당을 하여 당도를 높인 후 화이트 와인용 혹은 화이트 와인과 레드 와인 겸용 효모를 접종하여 발효시킨다.

접종하고 나서 24~48시간 후부터 발효가 시작되며, 15~20℃에서 약 1주일 후면 당도가 거의 0Brix가 되고, 1주일이 더 지나면 완전히 당분이 소실된다. 이와 같이 저온에서 서서히 발효를 시켜서 화이트 와인 특유의 신선함과 향을 유지시킨다.

2주에서 8주간의 발효가 끝나면 정제한다. 새로운 발효 통에 와인을 가득 채워 공기가 들어갈 공간을 최소화하여 산화를 방지한다. 그런 다음 공기차단장치air lock를 설치하여 발생되는 탄산가스를 배출시키고 외부 공기의 유입을 막는다. 그리고 이산화황 25ppm을 첨가한다.

이때쯤이면 기온이 내려가는데, -5~0℃가 되면 가온을 하지 않고 저온 안정화를 시킨다. 3일부터 주석산 분리가 일어나는데 2주일 정도 경과 후 정제하여 주석산 결정potassium bitartrate 및 침전물을 제거한다. 역시 이산화황 25ppm을 정제 첨가한다.

3개월 후 정제하여 잔존된 가벼운 침전물을 제거한 다음 0.5~0.65㎛ 필터로 여과한 다음에 이산화황 25ppm을 첨가한 후 병에 담는다. 이후 6개월~1년이 지나면 마실 수 있고, 약 3년까지 보존하여도 좋은 품질을 유지한다.

로제 와인Rosé wine

우리나라에서는 로제 와인의 선호도가 높지 않으나, 미국 등에서는 로제 와인의 선호도가 증가 추세에 있으며 1979년을 기점으로 레드 와인보다 로제 와인의 소비가 앞서고 있다. 로제 와인은 맛이 가볍고, 향이 좋다. 마실 때는 온도를 차게 하여 화이트 와인과 유사하게 마신다. 특히 화이트 와인이나 레드 와인과는 달리 모든 음식에 잘 어울린다.

로제 와인에 적합한 포도 품종은 가메이, 그레나슈, 피노 누아, 진판넬, 캐스케이드 등이 대표적이나, 기타 적포도도 사용할 수 있다.

로제 와인 양조시 시작은 레드 와인 제조 방법과 유사하나, 착즙 후에는 화이트 와인 제조법과 같다. 포도를 수확 후 과경을 제거하고 포도를 파쇄한 후 효모를 접종하여 발효시킨다. 매 시간 포도즙 시료를 채취하여 색깔의 강도를 조사한다.

계획한 정도의 색깔이 되면 착즙을 한다. 즉 흐르는 포도즙을 따로 분리하여 발효시키고 나머지 포도즙과 포도 고형물은 레드 와인으로 발효시킨다.

이 흐르는 포도즙은 포도 껍질과 몇 시간에서 하루 정도 같이 섞여서 접촉하여 발효하였기 때문에 색깔과 타닌의 추출이 적으므로 연한 분홍색을 띠며 떫지 않지만, 화이트 와인보다는 향이 진하다. 이 이후의 과정은 화이트 와인 발효 방법과 동일하다. 즉 저온에서 발효를 진행시키며, 이산화황을 충분히 첨가하여 젖산 발효가 일어나지 못하게 한다. 청정화와 안정화가 끝나면 로제 와인이 완성된다.

로제 와인은 4~8개월 이내에 병에 담아야 하고 1~2년 내에 소비해야 과일 향이 유지된다.

다른 방법도 있는데 색깔이 진한 포도를 발효 전에 착즙하여 이 포도즙을 발효하기도 한다. 이것은 화이트 와인 발효법과 동일하다.

또 레드 와인과 화이트 와인을 적당한 비율로 섞어서 만들기도 한다.

로제 와인에 설탕 혹은 포도농축액을 첨가하고 재발효 방지 조치를 하여, 스위트 혹은 세미 스위트 로제 와인을 만들기도 한다.

발포성 와인Sparkling wine, Champagne

발포성 와인의 특징

발포성 와인은 여러 나라에서 여러 가지 방법으로 만들어지며 부르는 명칭도 다르다. 프랑스에서는 샹파뉴Champagne, 스페인에서는 카바Cava, 이탈리아에서는 아스티 스푸망트Asti Spumante, 독일에서는 젝트Sekt라고 부른다. 일상적으로 사용되는 샴페인Champagne은 프랑스의 지역 이름이므로 프랑스 이외의 다른 나라에서는 Champagne이라는 상표를 사용할 수 없고, 사용 시에는 제재를 받는다. 현재 세계적으로 통용되는 발포성 와인의 제조 방법은 프랑스 샹파뉴 지역에서 유래된 것이다. 이 방법은 약 300년 전에 수도사 동 페리뇽monk Dom Perignon이 17세기 후반에 발명하였다. 그 후 지속적인 개발로 현재의 방법으로 발전되었다.

샴페인은 와인을 두 번 발효시켜 만든다. 첫 번째는 정상적인 와인을 만들고, 두 번째는 탄산가스를 발생시킨다. 각 단계마다 장비, 기술 및 위험도가 따른다. 특히 2차 발효는 병 속에서 진행되는데 병 속에는 항상 고압가스가 차 있다. 그래서 폭발의 위험이 있다. 온도가 올라가면 폭발 가능성도 증가하며, 작업 시 실수로 병을 떨어뜨리면 폭발할 수도 있다. 따라서 샴페인을 취급할 때는 항상 안전을 염두에 두어야 한다. 샴페인은 주로 화이트 와인으로 만들지만 때로는 레드 와인으로도 만드는데 이를 '발포성 버간디sparkling burgundy'라고 부른다. 발포성 와인은 탄산가스 발생 방식에 따라서 3가지로 나눈다.

(1) 전통적인 방법이다. 완성된 와인에 당을 첨가하고 효모를 접종한 후 병마개를 단단히 막고 서서히 오랫동안 후발효시켜 자연히 생성된 탄산가스로 충진시킨다. 이를 "fermented in this bottle"이라고 라벨로 표시한다. 병 속에 남아 있

샴페인 따르는 순서

는 효모 찌꺼기를 제거해야 하는 귀찮은 작업이 있지만 그 과정을 통해 만들어진 샴페인만이 고급 샴페인으로 인정받는다. 여기에서의 제조법은 이 방법에 준한다.

(2) (1)번과 동일한 방법으로 후 발효까지 시킨 후 마지막으로 병에서 효모 찌꺼기를 제거할 때는 전통적 방법을 쓰지 않고 병 속과 같은 압력을 가진 압력 탱크에 부어 여과한 후 다시 병에 담는다. 이 방법은 북미에서 주로 사용한다. 이를 "fermented in the bottle"로 표시한다.

(3) 와인의 후 발효를 병에서 하지 않고, 압력 발효탱크에서 한 후 여과하여 병에 담는다. 이를 "bulk process"라고 표시한다.

샴페인의 단맛 정도를 라벨에 표시한다. 가장 단 것을 doux라고 하며 당도가 6% 이상이다. 중간 정도 단 것을 sec 혹은 demi-sec이라고 한다. 당도는 sec은 2~4%이고, demi-sec은 5%이다. 가장 달지 않은 것은 brut 혹은 nature라고 표시한다. 당도는 1.5% 이하이다.

품종

우수한 샴페인 제조용 포도가 되려면 몇 가지 조건에 합당해야 한다.

(1) 향과 맛이 짙지 않아야 한다.

(2) 샴페인에 녹아드는 탄산과 결합하여 쓴맛을 내지 않아야 한다.

(3) 페놀 함량이 높은 레드 와인은 떫은맛이 나므로 적합하지 않다.

가장 적합한 포도 품종은 샤르도네, 피노 누아, 피노 블랑, 머스캣, 리슬링이다.

제조법

샴페인 제조에서 전(1차) 발효는 화이트 와인과 동일하며 우수한 화이트 와인을 만드는 것이 핵심이다. 이 화이트 와인을 base wine(cuvee)이라 한다.

알코올 농도는 10~11%, 산도는 pH 3.1~3.3 그리고 총 산은 0.7~0.9%가 적당하다.

후(2차) 발효 : 전 발효가 끝난 후 base wine을 샴페인용 병에 담는다. 탄산가스 발생을 위하여 설탕을 24g/ℓ wine 비율로 첨가한다(후 발효 시 첨가되는 설탕 4g/ℓ가 1기압을 만든다). 설탕은 미리 와인에 녹여서 시럽 형태로 첨가해야 안전하다. 샴페인용 효모를 접종하고 병마개(맥주병마개와 유사함)로 단단히 덥고 옆으로 눕힌다.

3~6주면 발효가 끝나고, 6~12개월이면 효모가 사멸하여 자가분해autolysis한 후 효모 향이 첨가된다. 샴페인으로 될 때까지 3단계의 작업을 거친다.

Riddling 노쇄하거나 죽은 효모가 병 벽에 달라붙는 것을 방지하기 위해 병을 매일 40°~80° 씩 회전시킨다. 동시에 병 입구를 밑으로 하여 눕힌 각도를 점점 90° 로 거꾸로 세운다. 이렇게 하면 효모가 병 입구로 모이게 된다.

Disgorging 병 입구를 얼린 후 병마개를 열고 효모를 제거한다. 병마개를 여는 순간 술이 쏟아져 나오는 것을 방지하기 위하여 병을 냉각하는데, 특히 병 입 부분에 모인 효모를 얼려서 퇴적된 효모만 제거한다.

Dosage 효모 제거 시 병 밖으로 흘러나온 와인만큼 기존 와인이나 설탕 용액을 보충하여 당도를 조절한다.

샴페인에 대하여 알아 둘 상식

샴페인은 탄산가스가 충진되어 있으므로 냉장 후 마시면 맛이 더 산뜻해진다. 샴페인 병마개를 열 때에는 절대로 사람을 향하지 말아야 한다. 튀어나온 병마개가 상해를 입힐 수 있다. 샴페인 병마개를 열 때에는 수건으로 병을 싸고 여는 것이 안전하다. 병의 폭발 시 파편이 튀는 것을 방지하며, 혹은 솟구치는 샴페인이 사람에게 튀어오는 것을 막는다. 샴페인을 제조할 때는 압력에 내구성이 있는 샴페인용 병을 사용하여야 한다. 일반 와인용 병 혹은 맥주병은 압력에 견디지 못하고 폭발한다.

6. 포도 품종에 따른 와인 특성

와인의 특성은 포도 품종에 영향을 많이 받는다.

그러나 동일한 품종이라도 생산 지역, 생산 연도의 기상 상태 및 발효 방법에 따라서 맛과 특성이 다르므로 일률적으로 어느 품종으로 만든 와인의 특성은 어떠하다고 말할 수는 없다. 그렇다고는 해도 일반적으로 와인 선택에 참고가 될 대체적인 각 품종당 와인의 특성은 가지고 있다. 특징을 다음과 같이 항목별로 나누어볼 수 있으며 수입 와인의 포도 품종과 국내산 와인의 포도 품종을 비교하여 표에 요약하였다.

외국 와인은 주로 유럽계통[*Vitis vinifera*]의 포도 품종으로 만들며, 국내 와인이 만들어지는 포도로 가장 많이 재배되는 포도는 미국자생 포도[*Vitis labrusca*]와 유럽 포도[*V. vinifera*]의 교잡종인 캠벨Campbell's Early과 엠비에이(Muscat Bailey A;약자로 MBA로 부름)로 유럽종과 구별된다.

조사항목

Usual wine style(대체적 와인 형태) : 단맛 정도(sweet, dry) 및 발포성 여부

Intensity(농도) : 농도로 나타내는 전체적인 맛의 강렬함 정도(strong, medium, weak)

Aromas/Flavors(방향) : 포도 향 이외에 느끼는 과일 향(숙성 중 형성됨)

Acidity(신맛) : 신맛의 정도(high, medium, low)

Texture(질감) : 입 안에서의 느낌(smooth, crisp, rough)

Tannin(떫음) : 떫은맛(high, mledium, low, none)

Wood(나무 향) : 참나무 향이 대표적이다(high, medium, low, none)

Foods(음식) : 잘 어울리는 음식

Cooking style(조리법) : 잘 어울리는 조리 방법

Principal regions : 주 생산 지역

포도 품종에 따른 와인의 특성

구 분		품 종	와인형태	농 도	방 향	신 맛	느 낌
수 입 산 와 인	청 포 도	Chardonnay	달지 않은 화이트 와인 (Dry white), 샴페인	중간 내지 강함	잘 익은 과일 향, 사과, 레몬	중간	부드럽고, 버터와 같은 느낌
		Chenin Blanc	화이트 와인	가벼움에서 중간 정도	메론, 견과류	높다	상쾌함
		Gewürztraminer	화이트 와인	강함	열대 과일 향, 양념 맛	낮다	매우 부드러움
		Muscato(Muscat)	달고 가벼운 발포성 와인	가볍고 은은함	배, 포도	높다	"부드럽고, 우아함"
		Pinot Blanc	달지 않은 화이트 와인	중간	부드러운 사과, 배	중간	부드러움
		Riesling	달지 않은 화이트 와인	가벼움	푸른 사과, 감귤류	매우 높다	가볍다
		Sauvignon Blanc	달지 않은 화이트 와인	중간	덜 익은 과일	높다	가볍다
		Semillon	달지 않은 화이트 와인	중간	완숙한 과일, 귤껍질, 견과류	중간	부드러움
	적 포 도	Carbernet France	달지 않은 레드 와인	중간	붉은 산딸기, 붉은 자두	높다	중간 정도, 부드럽고 신선함
		Carbernet Sauvignon	달지 않은 레드 와인	강함	성숙된 검은 산딸기	높다	처음에는 부드럽다가 나중에는 거친 맛
		Gamay	달지 않은 레드 와인	가벼움	붉은 산딸기	높다	부드러움
		Grenache	달지 않은 레드 와인	중간에서 강함까지	성숙한 붉은 자두	중저 정도	부드러움
		Merlot	레드 와인	중상 정도	성숙한 신선한 과일 향, 자두	중간 정도	연한 느낌
		Pinot Noir	레드 와인	가벼움	붉은 산딸기	높다	부드럽고 산뜻한 맛
		Syrah(Shiraz)	달지 않은 레드 와인	강함	성숙한 과일 향, 흑자두	약간 높다	부드럽고 중후함
		Zinfandel	레드 와인	중간	잘 익은 검은 산딸기 향	중간 정도	부드러움
국내산 와인		Campbell's Early	레드 와인	가벼움	포도 향	중간 정도	부드러움
		Muscat Bailey A	레드 와인	중간	연한 과일 향	낮다	중간 정도

떫음	나무향	음 식	조리법	주 생 산 지
매우 낮음	중 내지 강함	바다가재, 새우, 조개, 연어, 황재치, 큰넙치, 농어, 닭고기, 칠면조, 호박	튀김, 굽기	Burgundy France, Southern France, California, Oregon, Australia, New Zealand, South Africa, Chile
없음	없음	숭어, 허가자미, 닭고기, 야채국	찜, 튀김	Loire valley(France)
없음	없음	돼지고기, 햄, 송아지고기, 칠면조, 강한치즈,인도음식, 중국요기, 타이음식	튀김, 굽기	Alsace(France), Oregon, New York
없음	없음	채소		Northern Italy, California
없음	없음	생선, 새우, 가리비, 닭고기, 칠면조, 야채파이	튀김, 굽기	Alsace(France), California, Oregon
없음	없음	가벼운 해산물 요리, 게, 훈증 농어, 가자미, 넙치	찜, 끓임, 훈증	Mosel, Rheingau, Rheinhassen(Germany), California, New York, Australia, New Zealand
없음	약간 있다	해산물 요리, 가름류 요리, 살라다, 신맛이 강한 치즈	굽기, 찜	Loire valley, Bordeaux(France), California, Washington, Australia, New Zealand, Chili
없음	약함	해산물 요리, 바다농어	끓임, 찜	Bordeaux, California, Washington, Australia
중저 정도	중저 정도	양고기 요리, 소고기, 송아지고기, 간, 칠면조, 참치, 피자, 중간 정도 치즈	굽기	Loire(France), California, New York
높다	높다	소고기, 양고기, 강한 치즈	끓임, 굽기	France, USA, Australia, South Africa, Chile
낮다	없음	샌드위치, 햄버거, 피자, 새우, 가리비	싫은 요리, 끓임, 굽기	Beaujolais(France)
중간 정도	중간 정도	칠면조, 오리, 소고기, 양고기, 피자	굽기, 끓이기	Rioja(Spain), Rhone(France), California, Australia
약간	연함	오리, 칠면조, 소고기, 호박, 고추, 토마토	굽기, 튀김	Bordeaux, California, Washington, Northern Italy
중저	중저	연어, 참치, 새우, 가리비, 소고기, 양고기	튀김, 굽기	Burgundy(France), California, Oregon, Australia, New Zealand
중간 정도	중간 정도	검은색 소고기, 오리, 거위, 강한 치즈	굽기, 삶기	Rhone(France), Southern France, California, Washington, Australia, Argentina
중간	중간	소고기, 오리고기, 닭고기, 강한 치즈	굽기, 찜, 끓임	California
낮다	없음	전통 한정식	굽기, 끓임, 찜	Korea, Japan
중간	없음	소고기, 돼지고기, 닭고기	굽기, 찜	Korea, Japan

Ⅳ. 세계의 와인

와인 제조의 원료인 포도 품종은 와인의 맛과 향, 느낌에 중요한 영향을 준다. 그러나 동일한 품종이라도 어느 지역에서 재배되었는가가 와인의 특성을 결정하는 중요한 요인이 된다. 지역에 따라 기상 상태가 다르기 때문이다. 추운 지역에서 재배된 포도는 산도가 높고 당도가 낮다. 그러나 더운 지역에서 수확된 포도는 이와 반대의 특성을 보인다.

따라서 추운 지방의 와인은 신맛이 강하며, 알코올 함량이 낮다. 그러나 더운 지방의 와인은 산도가 낮고 알코올 향이 높다.

오래 전부터 포도 재배자와 와인 생산자들은 포도 생산에 온도와 연관하여 지역을 5개로 구분하였다.[11] 이중 1, 2, 3지역은 와인용 포도 생산에 적합한 지역이다. '지역 1'은 저온 지역으로 포도 재배 기간(4월부터 10월)의 평균 기온이 15.6℃(60°F)이고, '지역 2'는 온난한 지역으로 평균기온이 17.2℃(63°F)이고, '지역 3'은 따뜻한 지역으로 평균온도가 18.9℃(66°F)이다.

기상 조건 이외에 토양 구조 및 양조 방법도 와인 품질에 많은 영향을 주기 때문에 동일한 포도 품종으로 와인을 제조하여도 각 지역별로 독특한 와인을 생산한다. 따라서 세계적으로 잘 알려진 포도 생산 지역을 아는 것이 와인의 특성을 이해하는 데 매우 중요하다. 이제 세계 주요 와인 생산 지역을 살펴보자.

1. 구대륙의 와인

세계의 와인을 말할 때 프랑스를 비롯한 지중해 연안의 유럽국을 '구대륙(Old World)'이라 칭하고 그 이외의 지역을 '신대륙(New World)'이라고 한다. 구대륙은 단지 지리적인 영역을 말하는 것이 아니다. 내려오는 전통으로 구대륙의 와인 양조자들은 언제나 양조 기술에 앞서 테루아르terroir를 중시한다는 점이 구대륙

11) Smith, B. H. 2005. The Sommelier's Giude to Wine. Black Dog and Leventhal Publishers. New York. 66p

이 신대륙과 구분 지어지는 것이다.

테루아르는 토양에 해당하는 단어이지만 그보다 더 복합적인 의미를 가지고 있기 때문에 영어권에서 해석할 때도 이를 원어 그대로 '테루아르'로 사용한다. 테루아르는 포도나무가 자라기에 적합한 자연 조건 전체를 통틀어 말한다. 즉 토양의 물리화학적 성질, 기온과 강수량 등의 기후 조건, 일조량, 표고 및 경사도와 조망 등의 전체적인 지형 그리고 토양과 지하수와의 관계를 나타내는 수문학(水文學, hydrology)에 이르기까지 그 토지가 자리하는 곳의 통합적인 자연 조건 전체를 포함하는 것이다.

포도가 자라는 환경인 테루아르는 인위적으로 만들거나 관리되는 것이 아니라 모두 자연에 의한 것으로 인간은 그 테루아르에 맞는 포도 품종을 선택하고 재배하여 최고의 와인을 만든다는 것이다. 구대륙에서는 경험을 통해 포도원마다 각각 다른 테루아르에 맞는 포도 품종을 선발하여 재배한 지 오래되었다. 프랑스 보르도에서는 카베르네 소비뇽과 메를로를 재배하고, 부르고뉴에서는 피노 누아를 기르고, 이탈리아 토스카나 지역에서는 산지오베제를 선택한다. 신대륙의 캘리포니아에서는 카베르네 소비뇽, 호주에서는 쉬라즈가 선택되었다.

프랑스

와인하면 프랑스가 떠오르듯 프랑스는 세계 최상품의 다양한 와인을 생산한다. 프랑스의 포도 재배는 2,000년 전 로마가 그 땅을 지배하던 시대부터 시작되었는데 그 당시 여러 영토를 둘러본 카이사르Julius Caeser가 프랑스가 포도 재배에 가장 적합한 영토라고 결론 내리면서 비롯되었다. 수세기를 걸친 포도 재배의 시행착오와 세세한 기록을 통하여 프랑스는 최고의 와인을 만드는 기술을 터득하였으며 이를 지키기 위해 특별한 법(AOC)을 제정하여 품질을 관리하고 있다. 프랑스가 와인의 맹주국으로서의 위치를 확고히 지키고 있다는 증거는 포도가 전 세계로 퍼져 나갔지만 포도는 아직도 프랑스 이름을 달고 다닌다는 것(카베르네 소비뇽, 카베르네 프랑, 소비뇽 블랑, 피노 누아)이다.

프랑스 와인 중 세계 최고라고 인정받는 것

| 샴페인Champagne은 최고의 발포성 와인이다.
| 알자스Alsace는 최고의 게부르츠트래미너Geburztaminer를 생산한다.
| 보르도의 포이악Pauillac과 마고Margaux는 카베르네 소비뇽을 기본으로 하는 뛰어난 와인을 생산한다.
| 메를로Merlot의 품질은 보르도의 생테밀리옹Saint-Emilion과 포므롤Pomerol에서 뛰어나다.
| 부르고뉴(버건디) 지방 코트 드본Cote de Beaune의 그랑 크뤼(grand cru : 위대한 포도원이라는 뜻) 포도원에서는 최고의 샤르도네Chardonnay를 생산한다.
| 상세르Sancerre에서는 소비뇽 블랑Sauvignon Blanc에 기초한 최고로 정제된 와인이 생산된다.
| 루아르Loire 강 주변에서는 슈냉 블랑Chenin Blac이 기치를 높인다.
| 보르도의 소테른Sauternes은 세계 최고의 디저트 와인 생산지로 인정받는다.
| 피노 누아Pinot Noir 원형prototype은 부르고뉴 지방의 코트 드 뉘Cote de Nuits 포도원에서 생산된다.

포도가 세계로 퍼져 나가는 중에 신대륙 미국에도 전해졌는데 미국에 전해진 포도는 새로운 땅에 정착하는 과정 중에 유럽에서 볼 수 없었던 새로운 병과 해충을 맞게 되었다. 미국에서의 문제는 다시 포도 묘목의 원산지인 유럽을 강타하였다. 그 중에 유명한 것은 노균병과 필록세라Phyloxera라고 하는 포도나무 뿌리 진딧물이다. 미국계 포도는 노균병에 대하여 어느 정도의 저항성을 보였지만 노균병에 한 번도 노출되지 않았던 프랑스의 포도는 엄청난 피해를 입게 되었다. 그러나 보르도대학의 밀라노 교수가 노균병을 예방하는 농약인 보르도액을 발견한 후 문제가 해결되었다. 이보다 더 무서운 피해는 필록세라에서 왔다. 1864년 프랑스 포도밭에 침입한 필록세라는 프랑스의 모든 포도밭을 황폐화시켰다. 19세기 후반에 들면서 뿌리는 미국 포도이며 지상부는 유럽 포도나무로 접목을 시도함으로써 포도 재배는 다시 제 궤도에 올랐다.

필록세라 피해로 포도밭이 전멸하다시피 했고 포도 생산이 부족해지자 다른 지역의 와인을 들여와 유명 산지에서 생산한 와인인 것처럼 라벨을 붙여(예 : Chateau-de-Pape, Burgandy) 시장에 내놓았다. 이러한 현상으로 지방 생산자들이 피해를 입게 되자 이를 막기 위해 1932년 샤토네프 뒤파프 지역 포도원들에서 그곳에서 생산된 포도만이 지방명을 라벨에 올릴 수 있도록 하는 규칙을 정하였다. 이것이 바로 1935년 제정된 원산지 통제 명칭법AOC의 기초가 되었다.

프랑스는 원산지 통제 명칭법 등의 규정에 의하여 와인의 품질을 등급별로 최고급AOC, 고급VDQS, 중급Vins de Pays, 저급Vins de Table으로 구분하여 관리하고 있으나 그보다 전통적으로 포도 지역 즉 테루아르에 의한 분류로 좋은 와인을 구분하고 있다.

프랑스 와인의 지역 중심 급수를 이해하려고 할 때는 프랑스 전체를 활쏘기 판의 과녁과 비교하여 생각하면 이해가 쉽다. 과녁의 맨 가장자리가 프랑스, 그리고 그 다음이 보르도, 그 안이 메독, 그리고 포이악이며 맨 가운데 과녁이 개개의 생산자인 샤토나 도메인domain이 된다. 테루아르를 중시하는 프랑스 와인은 와인의 출처(생산)가 더 구체적일수록 더 좋은 와인(일반적으로 더 비싼)으로 평가 받는다.

포도는 프랑스의 전역에서 재배되고 있으나 중요한 재배 구역으로 보르도 Bordeaux, 부르고뉴Bourgogne, 론Rhone, 루아르Loire, 알자스Alsace, 샹파뉴 Champagne 그리고 프랑스 남부지방 등의 대 구역[12]으로 나누고 이를 다시 세분한다.

프랑스 안에서 가장 유명한 와인 생산 지역은 보르도와 브르고뉴 지방으로 이 두 지역은 일조량이 풍부하고 배수가 잘 되는 사질토양이어서 뛰어난 품질의 포도를 생산하여 최고의 와인을 빚어낸다.

보르도 지역에는 좋은 포도로 최고의 와인을 빚어내는 포도원이 산재해 있다. 프랑스에서는 와인 생산 지역마다 독특한 와인 구분 제도가 있고 그 지역마다 독특한 와인을 생산하는 것으로 알려져 있다.

보르도 지역

보르도는 프랑스 남서부에 위치한 작은 산업도시로 세계의 가장 유명한 지역 와인의 중심지이다. 원산지 명칭을 통제하는 프랑스의 AOC급 와인의 26%가 이곳에서 생산된다. 보르도는 다른 지역과 달리 각 포도원마다 포도를 2~3 종류 재배하여 이들을 독특한 비율로 혼합해 복잡하고 다양한 맛이 나는 특색 있는 와인을 만든다. 보르도 지역에서는 보르도 고유의 와인 병을 사용하고 있어 병 모

---

12) Mathew, G. and E. Milloy(eds) 2004. Wines of the World. DK 49p

양만 보아도 보르도 와인을 식별할 수 있다. 보르도 지역에서 재배하는 포도는 레드 와인용으로는 카베르네 소비뇽, 메를로, 카베르네 프랑 등이며 화이트 와인용으로는 소비뇽 블랑, 세미용 등이다. 보르도 지역에서는 레드 와인 이외에도 뛰어난 와인이 몇 종류 생산되고 있다.

보르도 포도원은 지롱드Gironde 지역에 널리 퍼져 있다.

보르도 지역에서 생산되는 와인

| 드라이 화이트 와인dry white wine : 소비뇽 블랑과 세미용의 혼합

| 스위트 디저트 와인sweet desssert wine : 샤비뇽 블랑, 세미용 그리고 잿빛곰팡이noble rot 균 보트리티스Botrytis cinerea에 감염된 머스카델의 혼합

| 미디움 보디드 레드 와인medium-bodied red wine : 카베르네 소비뇽, 메를로, 카베르네 프랑, 멜백, 프티 베르도의 혼합(더 작은 마을에서는 카베르네 중심의 레드와인을 만드는 반면, 좀 더 큰 지역에서는 메를로가 주가 된다).

보르도 안에는 메독(카베르네가 기본인 레드 와인), 생테밀리옹(메를로가 기본인 레드 와인), 포므롤(메를로가 지배적인 레드 와인), 그라브 지역(우수한 드라이 화이트 와인과 카베르네가 기본인 레드 와인), 소테른과 바르삭 지역(디저트 와인)이 유명하다. 그 중에서도 가론Garonne 강을 중심으로 한 메독과 그라브 지역이 보르도 안의 양대 유명 와인 주산지이다.

메독Medoc 지역

메독 지역은 보르도 지역에서 가장 유명한 지역으로 다시 메독, 생떼스테프 St. Estephe, 포이악Pauillac, 생줄리앵St. Julien, 리스트락Listrac, 몰리Moulis, 마르고

Margaux 등으로 분할한다. 이 지역의 대표적인 와인 생산자로는 샤토 마르고, 샤토 라피트 로췰드, 샤토 라투르 등이 있다.

1855년 파리만국박람회가 열렸을 때 나폴레옹 III세가 보르도 지역 와인의 우수성을 알리기 위해 보르도의 와인 브로커들에게 박람회에 출품할 와인을 선정하도록 하였다.

브로커들은 와인 가격을 조사하여(좋은 와인이 비쌀 것이라는 가정 하에) 우수 포도원을 선정(메독 60, 그라브 1, 소테른 26) 이들을 5등급으로 분류한 후 일등급을 최우수로 하여 프리미에 크뤼premier cru(first growth란 뜻)라 하는 그랑 크뤼 클라세 등급으로 분류하였다. 포도원 4곳이 분류법에 의하여 프리미에 크뤼로 선정되었다. 이들은 샤토 라피트 로췰드Lafite-Rothschild, 샤토 라투르Latuor, 샤토 마고Margaux, 샤토 오브리옹Haut-Brion(메독이 아닌 그라브 지역의 샤토)이었으며 샤토 무똥 로췰드 Chateau Mouton-Rothschild는 1973년에서야 프리미에 크뤼로 상승되었다. 이들 5개소의 와인 라벨에는 "Premier Grand Cru Classe"라는 표식이 있다. 최초의 선발에서 단지 60개의 샤토만이 "Grand Cru Classe"에 들어갔고 나머지 수천개의 메독 와인 생산자는 제외되었다.

그 동안 등급에서 제외되었던 샤토(포도원)끼리 모여 새로운 등급 기준을 마련하였다. 즉 그랑 크뤼 클라세에는 들어가지 못했으나 우수한 와인을 선발하는 분류로 크뤼 부르주아Cru Bourgeois가 1932년에 시작되어 현재 400여 개가 넘는 샤토가 크뤼 부루주아즈로 분류된다. 이들은 가격에 비해 품질이 좋은 와인으로 점차 명성을 얻어가고 있다.

이외에도 지역에 따라 독특한 분류법에 의하여 우수 와인을 인정하는데 구별하기가 어렵다.

그라브Graves

레드 와인과 화이트 와인을 모두 생산하고 있으며 주 품종은 카베르네 소비뇽, 메를로, 카베르네로 메독의 와인보다 더 부드럽고 숙성된 맛을 지니며 특히 부케 향이 풍부하다. 화이트 와인에는 신선하고 신맛이 강한 세미용과 소비뇽 블랑을 주로 사용한다.

보르도의 지역별 와인 등급 분류[13]

프랑스 고유의 AOC 등급법이 있으나 보르도 지역은 그와 별개로 고유 등급 분류를 실시하는데 같은 보르도 지역에서도 지역별로 등급 분류를 달리하고 있다.

| 메독Medoc : 1855년 이래로 메독 지역의 60개 샤토는 "Grand Cru Classé"라는 등급으로 분류되어 라벨에 이를 표기할 수 있다는 보장을 받고 있다. 이들은 다시 5등급으로 나뉘어 Premier Grand Cru Classé, Deuxiéme Grand Cru Classé, Troissiéme Grand Cru Classé, Quatriéme Grand Cru Classé, Cinqieme Grand Cru Classé로 구분한다. 그러나 첫 등급을 제외한 4개 등급에 속한 샤토는 그 등급을 표시하지 않는다.

| 그라브Graves : 화이트 와인 10개와 레드 와인 13개가 Cru Classé 와인으로 인정받았다.

| 생테밀리옹St-Emilion : 프랑스에서 유일하게 약 10년에 한 번씩 와인 등급을 체계적으로 재검하는 곳이다. 가장 최근에 한 분류는 1996년의 것이며 3등급으로 분류하였다. 즉 Premier Grand Cru Classé, Class A에 2개의 샤토가 들어가고, Premier Grand Cru Classé, Class B에는 11개의 샤토가 있고, 55개의 샤토는 Grand Cru Classé로 판별되었다.

| 소테르네와 발삭Sauternes and Barsac : 이들 단 화이트 와인 생산지에서 단지 26샤토만이 등급 분류되어 있다. 가장 우수한 등급인 Premier Grand Cru Supérieur 급에 단 하나의 샤토가 지정되었고, Premier Cru Classe에 11개 샤토, Deuxiéme Cru Classé에 14개 샤토가 기록되어 있다.

| 포므롤Pomerol(레드 와인 산지)와 앙트레 드 메르Entre-Deux-Mers(드라이 화이트 와인 생산지)지역에는 특유의 등급 분류 제도가 없다.

13) Smith B. H. 2003. The Sommelier's Guide to Wine. Black dog and Leventhal Publisher, NY 94p

부르고뉴Bourgogne 지역

부르고뉴는 영어권에서는 버건디Burgundy라 부른다. 이 지역은 프랑스에서 가장 오래된 와인의 역사를 가지고 있고 프랑스 대부분의 지역이 2품종 이상의 포도를 혼합하여 와인을 만드는 데 반하여 부르고뉴는 1가지 품종만으로 와인을 만드는 전통을 가지고 있다. 보르도에서는 포도원을 샤토Chateau라는 말로 표현하나 부르고뉴에서는 도메인domaine이라고 칭한다. 또한 보르도의 와인 생산은 대형 와인 제조자가 주도하고 있지만 부르고뉴에서는 수천 개의 작은 개인 포도원이 각기 와인을 생산한다. 때문에 포도원의 면적은 대부분 작으며 경우에 따라서는 한 포도원의 소유자가 10여 명이 되는 경우도 있다(상속할 때마다 소유자가 늘어).

그러나 부르고뉴 와인은 보르도 와인보다 예측하기가 쉽다. 레드 와인은 '피노 누아, 화이트 와인은 샤르도네 품종으로 만들고 부르고뉴 남부 지역의 보졸레에서는 가메이에서 과실 향이 가득한 레드 와인을 만들어낸다. 보르도에서는 여러 종류의 와인을 혼합하여 부드럽고 복잡한 맛을 내기 때문에 와인의 특성이 여성적이라고 한다. 그리고 부르고뉴는 토질이 척박하고 론 강변의 경사면에 대부분의 포도원이 위치하여 이곳에서 생산되는 포도는 산도가 높은 단일 품종으로 와인을 제조하여도 산도와 알코올이 높은 개성이 강한 남성적인 와인이 생산된다고 한다.

부르고뉴는 로마시대부터 유럽 여러 나라와 통하는 교통의 요지로 여관과 식당이 많았던 것이 와인의 품질과 더불어 부르고뉴 와인의 세계적 명성을 널리 알리는 데 이로웠다. 프랑스의 중심부를 북쪽에서 남쪽으로 관통하며 드라이브를 하면 부르고뉴의 유명 산지를 차례로 만날 수 있다.

| 샤브리Chablis : 드라이 화이트 와인 생산으로 유명

| 코트 드 뉘Cote de Nuits : 대부분의 유명 레드 와인의 고향

| 코트 드 본Cote de Beaune : 레드 와인과 화이트 와인이 모두 생산되나 특히 뛰어난 화이트 와인
 (뫼르소Meursault와 몽라쉐Montrachet)을 생산

| 코트 샬로네즈Cote Chalonnaise : 많이 알려지지 않았으나 질 좋은 레드 와인(제브리Gevry, 메르퀴레
 Mercurey)과 화이트 와인(부르고뉴 알리고트Bourgogne Aliote) 모두를 생산

| 마콩Macon : 최고의 화이트 와인(푸이-퓌스Pouilly-Fuisse, 생베랑Saint-Veran)을 생산

| 보졸레Beaujolais : '가메이' 품종으로 발효한 와인을 일찍 출하하는 '보졸레 누보Beaujolais
 Nouveau' 생산으로 유명

코트 드 뉘, 코트 드 본, 코트 샬로네즈를 한데 묶어 보다 큰 지역 코트 도르 지역이라 하는데 이는 '황금의 언덕'이라는 뜻으로 얕은 구릉을 따라 조성된 포도원이 가을이 되면 단풍으로 황금색으로 변하여 얻어진 이름이라고 한다. 또한 이 지역은 유명한 포도원이 산재하여 값비싼 와인 생산으로 돈을 많이 번다는 것을 빗대어 말하기도 한다.

부르고뉴 지역산 와인 품질 등급은 보르도 와인과 달리 표기하기 때문에 프랑스 와인의 품질을 평가하는 데 복잡하고 혼돈을 야기할 수 있다. 이로 인해 프랑스 와인을 이해하기 어렵게 만든다. 즉 그랑크뤼가 최고급이고 다음이 프레미어 크뤼이며 중급이 빌라주로 표기된다(보르도에서는 프리미어가 최고급, 다음이 그랑크뤼). 부르고뉴는 보르도보다 내륙에 위치하여 대륙성 기후의 특성을 가지고 있어 해마다 날씨가 고르지 않아 와인 선택 시 빈티지가 중요하다.

부르고뉴 지역은 포도원이 보르도와 같이 크지 않기 때문에 네고시앙Negociants

이 큰 역할을 하고 있다. 네고시앙은 상인merchant 또는 딜러dealer를 뜻하는 단어로 본래 네고시앙은 작은 포도원에서 와인을 구매하여 혼합하고blending, 입병하고bottling, 수송하는shipping 일을 하였다. 그러나 근간에는 네고시앙의 역할이 확대되어 대형 와인 양조 시설을 갖추고 양조 시설 없이 포도만을 재배하고 있는 중소 포도원에서 포도를 구입하여 수준급의 와인을 직접 만들어 시판하고 있다. 이들은 소단위 포도원에서 단일 품종의 와인을 생산하는 것과 달리 구입한 포도로 만든 와인을 혼합하여 와인을 생산하는데 그 품질이 상당히 좋은 것으로 인정받고 있다. 유명한 네고시앙으로는 루이 자도Louis Jadot, 조셉 드루앙Joseph Drouhin, 조르주 뒤뵈프Georges Duboeuf 및 루이 라투르Louis Latour가 있다. 네고시앙의 양조 기술에 따라 맛과 품질이 달라지기 때문에 부르고뉴 와인을 선택할 때는 네고시앙의 명성이 중시된다.

이탈리아

이탈리아는 세계 어느 나라보다 와인을 많이 만들고 마신다. 뿐만 아니라 로마 시대부터 와인을 생산하기 시작한 이탈리아는 유럽에서 가장 오래된 와인 생산국이다.

로마는 처음에 와인을 국내에서 소비하였으나 군대가 유럽 지역을 점령하면서 음료수 대신에 와인을 마시게 하기 위해 주둔지 주변에 포도원을 조성하였다. 프랑스를 점령한 로마가 군대 주둔지 주변에 포도를 심으면서 프랑스에서 와인 생산이 시작되었고, 독일 점령 후 독일에 포도원을 만들고 독일 포도를 생산하게 하여 전 유럽에 포도 재배 기술과 양조 기술을 전파하였다.

이와 같이 긴 역사와 전통을 가졌기에 품질면에서도 세계 최고 수준급이지만 프랑스 와인에 비하여 상대적으로 낮은 가격으로 팔리고 있다. 이는 바로 프랑스의 뛰어난 마케팅 전략 결과라 생각한다.

이탈리아는 땅은 작지만 포도 경작자는 엄청나게 많다. 프랑스의 보르도 지역에 포도원이 많다고 하지만 보르도 지역에 12,000명 이상의 와인 생산자가 있는 반면, 이탈리아에는 120만 명의 포도 재배자가 있다. 또 이탈리아 전역에서 2,000종류 이상의 와인이 생산된다.[14] 따라서 이탈리아의 와인 라벨에서 포도 품종을 찾기란 쉽지 않다.

이탈리아에서는 포도 품종보다 프랑스와 같이 지역명을 따라 와인의 명칭을 붙인다. 예를 들면 키안티 클라시코Chianti Classico에서는 주로 산지오베세Sangiovese 포도로 와인을 빚지만 포도 품종이 아닌 지역명을 따 키안티 클라시코Chianti Classico라고 한다. 바르베라Barbera도 유명한 포도 품종이다. 그러나 이것도 단독

이탈리아의 유명 산지

| DOCG(Denominazion di Origine Controllata e Grantita) : 이탈리아 최상급의 와인에 주는 등급이다. DOCG는 품질을 국가가 통제할 뿐 아니라 보증한다는 것이다. 초기에는 이탈리아 내에 생산지 4곳(피에몬타 지역의 바롤로, 바르바레스코, 토스카 지역의 부루넬로 디 몬탈치노, 비노 노빌레 디 몬테플치아노)에게만 DOCG 등급을 주었다. 그런데 1984년 키안티Chianti가 추가 되었고 1987년 알바나 디 로마냐 Albana de Romagna가 추가되었고 그 후에 6개가 더 추가되었다. 앞으로도 더 추가될 것이지만 그 수를 한정하여 등급의 권위를 유지하려고 한다. DOCG 와인은 병목에 분홍색 리본을 둘러 다른 등급과 차별하여 판매하고 있다.

| DOC(Denominazion of Origine Controlla) : 고급 와인의 등급으로 특정 지역 생산이다.

| 비노 다 타블라Vino da Tavola : 중급 와인으로 특별한 제한을 받지 않는다.
프랑스 와인의 'Table wine'에 해당하는 등급으로 일상적으로 싼값에 부담없이 구입하는 와인.

14) Keevil, S. 2004. Wines of the World. DK. 190p

으로 쓰는 것이 아니라 지역명과 함께 쓴다. 아스티Asti 마을에서는 Barbera d'
Asti, 알바Alba 마을에서는 Barbera d' Alba라고 표기한다. 그러나 병에 든 와인
이 라벨에 표기된 품종만으로 제조된 것은 아니다(브랜딩을 염두에 두어야 함).

혼돈을 피하기 위해서 이탈리아는 프랑스의 체계를 따라 1963년 와인 품질 등급
을 정하여 품질 관리를 하고 있다. 등급은 최상급인 DOCG, 고급인 DOC, 그리
고 중급의 비노다 타블라Vino da Tavola로 구분한다.

고급 와인이라 지정받은 DOCG나 DOC는 어디에서 어떻게 와인을 만들지를 통
제하고 보증하는 것일 뿐 술의 맛에 대한 보증은 아니라는 것을 알아야 한다. 때
로는 아주 품질이 우수하고 가장 값이 비싼 와인도 DOC 급이 아닌 것도 있다.
이탈리아가 DOC 제도를 수립하고 포도 재배 및 생산과 와인 제조 등을 철저히
통제하였으나 1970년대 들어 토스카의 와인 생산자 그룹이 말썽을 일으켰다. 오
래된 품종인 카베르네 소비뇽이나 메를로와 같은 것을 그 지역의 재배종인 산지
오베세Sangiovese와 섞거나 외래종을 100% 써서 와인을 빚어 DOC 규칙을 어겼
던 것이다. 물론 이들은 벌칙으로 'vino da tavola' 급으로 강등되었으나 그 이
후로 이 와인들은 값이 천정부지로 올랐고 "수퍼 토스칸Super Tuscan"이라 알려
지면서 찾는 사람이 많아졌다. 그 이후로 DOC 규율이 완화된 새로운 공식 품질
관리 규제가 나왔는데 이는 IGT(Indiczione Geografica Tipica)라 불린다. 반란을 일
으켰던 수퍼 토스칸 중에 몇몇은 IGT로 등급이 올랐다.
이탈리아는 국토 전역에서 와인이 생산되며 와인 생산 지역은 크게 20여 곳으로
나뉘는데 그 중에 세계적인 지명도 높은 와인을 생산하는 지역으로는 토스카나
Toscana, 피에몬테Piedmonte, 베네토Veneto를 들 수 있다.

토스카나Toscana

토스카나는 이탈리아 중부의 피렌체 근처에 있는 포도 재배 지역으로 이탈리아 와인하면 제일 먼저 떠올리는 키안티가 생산되는 지역이다.

키안티는 특이한 모양과 포장을 한 피아스코 병 때문에 유명하며 키안티의 상당량이 아직도 이 병에 담겨 판매되고 있다. 피아스코 병은 호리병 모양으로 아랫부분이 불룩한데 그 불룩한 부분을 라피아라고 하는 짚으로 싸고 있는 것이 특징이다.

키안티에서는 레드 와인 품종으로 주로 산지오베세Sangiovese가 재배되고 화이트 와인용으로는 말바시아Malvasia가 재배된다.

토스카나의 유명한 와인은 DOCG 급에 속하는 브루넬로 디 몬탈치아노Brunello de Montalciano, 비노 노빌레 디 몬테풀치아노Vino Nobile de Montepulaciano와 키안티가 있다. 유명한 와인 회사는 안티노리, 루피노, 프레스코발디이다.

피에몬테Piemonte

스위스의 국경 알프스 산맥 기슭의 밀라노에 인접한 피에몬테는 이탈리아의 최상품 레드 와인 바롤로Barolo와 바르바레스코Barbaresco를 생산한다. 이들 두 와인은 성격이 비슷하나 바롤로는 알코올 함유량이 최소 13% 이상이며 참나무 통에서 적어도 2년간 숙성을 거쳐 최소 3년의 숙성기간을 지나는 동안 DOCG급의 묵직한 와인이 된다. 반면 바르바레스코는 참나무 통 숙성 1년을 포함하여 최소 2년 이상 숙성시켜 섬세한 풍미를 가지고 있다.

피에몬테 지방에서는 레드 와인 이외에 화이트 와인으로 머스캣을 기본으로 하는 아스티 스푸만테Asti Spumante, 모스카토 다스티Moscato d'Asti가 생산되고 드라이 화이트 와인인 가비Gavi가 코르테스Cortes 포도로 만들어진다.

베네토Veneto

베네토 지역은 베니스 근처 알프스 산맥의 기슭에 위치해 있다. DOC 급 와인이 가장 많이 생산되는 지역으로 레드 와인으로 발폴리첼라Valpolicella, 바르돌리노Bardolino와 화이트 와인인 소아베Soave가 유명하다. 이들은 모두 지역명에서 온 와인의 명칭이며 모두 맛이 가볍고 신선한 느낌이 있는 데다 값까지 싸 많은 사람들의 호평을 받고 있다.

발폴리첼라에서 나오는 레드 와인 아마로네Amarone는 제조법이 특이하다. 포도를 수확한 후 3~4개월 동안 서늘한 곳에서 말려 당분 함량을 높인 뒤 와인을 만든다. 발효를 충분히 시켜 잔당을 남기지 않아 단맛은 없으나 알코올 농도가 14~16%로 이탈리아 와인 중 가장 강한 맛을 가지고 있다.

독일

맥주의 나라로 알려진 독일에서는 품질 좋은 화이트 와인이 생산된다. 유럽의 가장 북쪽에 위치한 독일은 지중해 연안의 다른 와인 생산국에 비해 기후가 한냉하고 일조량이 부족하기 때문에 주요 포도 재배 지역은 몇 개의 지역을 제외하고는 대부분이 서쪽 또는 남서쪽에 위치한다. 독일의 유명한 와인이 생산되는 지역은 모젤-자르-뤠베르Mosel-Saar-Ruwer지역이다. 이 지역에서 생산되는 와인이 모젤 와인이다. 우리에게는 '마주앙 모젤'로 익숙한 지역이다.

또 하나의 유명한 산지는 라인강 유역에 인접해 위치한 라인가우Reingau, 라인헤센Rheinhessen과 팔츠Pfalz의 3개 지역이다. 라인가우는 화이트 와인용 품종인 리슬링Riesling의 고향이다. 라인헤센 지역은 부드럽고 달콤한 맛의 화이트 와인 리브플라우밀쉬Lievfraumilch를 만들어냈다.

독일은 한냉한 기후와 부족한 일조량 부족으로 레드 와인 생산에 적합할 만큼 포도가 충분히 익지 못하기 때문에 전체 와인 생산량의 85%가 화이트 와인이다. 독일 와인의 특색은 산도가 높고 알코올 도수는 비교적 낮은 편이다. 화이트 와인을 만들어내는 대표적인 품종인 리슬링Riesling은 독일을 상징하는 포도 품종이다. 그 외에도 여러 품종이 널리 재배되고 있다. 리슬링과 실바너Sylvaner의 교배로 만들어 낸 신품종 뮐러−튜르가우Muller-Thurgau는 리슬링보다 숙기가 빨라 늦은 수확으로 인하여 야기되는 여러 가지 어려움을 극복하게 하였으나 리슬링에는 미치지 못한다.

독일 라벨에는 품종명과 지리적 위치가 모두 명기된다. 독일어는 명사의 어미에 'er'을 붙여 소유격을 만드는데 독일 와인 라벨에 도시이름에 'er'을 붙이고 다음에 포도원의 이름이 표기된다.

따라서 "Niersteiner Oelberg Riesling Spatlese"라는 표기는 생산되는 마을 이름은 니르스타인Nierstein, 포도원은 웰베르그Oelberg, 포도 품종은 리슬링 Riesling, 포도 숙기 정도는 Spätlese(늦게)라는 정보를 주고 있다.

독일은 숙기를 기초로 한 독특한 와인 등급 체계를 가지고 있다.

독일 와인의 품질 등급은 기본적인 개념은 프랑스의 AOC에 기초하지만 독일 고유의 등급 체계가 있다. 1971년 와인법이 처음으로 규정되어 품질을 관리하다 1982년에 개정하여 오늘까지 유지하고 있다. 독일의 와인은 4개 등급을 가지고 있다.

QmP(Qualitätswein mit Prädikat) 최고급 와인quality wine with distiction으로 우선적으

로 외국으로 수출되는 와인 등급이다. 독일은 한냉한 기후 때문에 포도가 완숙
된다는 것이 쉽지 않기 때문에 최고급인 QmP를 다시 숙기에 따라 숙기가 가장
낮은 것에서 높은 것으로 다시 6등급으로 구분하고 있다.

QmP급 와인

| 카비네트Kabinett : 일반적인 수확 시기에 수확한 포도로 만들어진 부담 없이 즐길 수 있는 와인
| 슈패트레제Spätlese : 늦게 수확하여 충분히 익은 포도로 만든 와인으로 균형 잡힌 맛과 잘 익은 과
　일 향을 즐길 수 있다.
| 아우스레제Auslese : 잘 익은 포도 중 특별히 선별된 포도송이로 빚은 와인
| 비어렌아우스레제Beerenauslese : 늦게 수확한 포도송이에서 잘 익은 알만 골라 빚은 와인
| 트로켄비어렌아우스레제Trochenbeerenauslese : 귀부병 걸린 포도로 빚은 와인, 오늘날에는 거의
　건포도 상태로 건조된 포도로 빚은 와인으로 오묘한 향과 단맛이 강한 최고급 와인
| 아이스바인Eiswein : 수확이 늦어 한겨울에 포도 알이 나무에 달린 채 얼어 버린 포도에서 얻어진
　와인으로 트로켄비어렌아우스레제와 함께 세계 최싱급 디저트 와인으로 유명하다.

QbA(Qualitätswein bestimmter Anbaugebiete) "지정된 지역에서 생산되는 질 좋은 와
인"이라는 뜻으로 13개 지역에서 생산된 와인에만 이 등급이 부여된다. 지정된
지역의 대표적인 품종으로만 와인을 빚어야 한다. 독일 와인의 65%가 이 등급에
속한다.

QbA급 와인

| 란트바인Landwein : 프랑스의 뱅 드 페이급에 해당한다. 산지와 포도 품종이 명기된다.
| 타펠바인Tafelwein : 테이블 와인급으로 여러 품종을 섞어 만드는 것이 일반적이다. 한 지역의 포도가
　85% 이상이면 품종, 생산자, 생산 지역을 표기할 수 있다.

세계적으로 많은 사람들이 독일 와인은 신맛이 나는 달고 산뜻한 와인이라는 인식을 가지고 있는데 요즈음에는 세계적으로 와인 애호가들이 "드라이하면 할수록 좋다(dry is the better)"라는 생각을 가지고 있기 때문에 독일 와인 중에서 품질 좋은 드라이 와인을 선택하고자 하면 QmP 중에서 카비네트나 슈패트레제를 선택하면 되는데 특히 카비네트를 선택하면 틀림없다. 독일 와인 생산자들은 이러한 세계적 요구에 부응하여 독일산 와인 중에 드라이 와인을 식별할 수 있는 단어를 명기하여 소비자가 쉽게 식별하도록 하고 있다. 아래의 단어가 라벨에 명기되어 있으면 드라이 와인을 뜻하며 아래로 갈수록 상급 와인이다.

드라이 와인

| 트로켄Trocken : 드라이를 뜻한다. halvtrocken은 'half dry'이다.
| 클래식Classic : 드라이를 뜻하며 품종명 바로 옆에 기재되어 와인을 만든 품종의 단순성을 표시한다.
| 셀렉션Selection : 드라이함을 표시함과 함께 산지가 표시되고 품종이 선별된 우수성을 나타내는 와인. 라벨에 포도원의 위치 표기 다음에 명기한다.

스페인

스페인은 와인 생산의 역사가 이탈리아만큼 깊고 전국적으로 기후와 토양이 포도 재배에 적합하지만 포도 산지가 산재해 있다. 얼마 전까지는 스페인 와인은 그리 알려지지 않아 값싼 와인으로 취급되었다. 그러나 스페인에서도 프랑스의 AOC와 같은 품질 관리법이 제정되고 양조업자들이 현대식 와인 제조법을 도입하고 포도 재배 지역이 새롭게 확장되면서 스페인 와인은 부각되기 시작하였다. 스페인의 품질 등급제(DO)는 3등급으로 구분된다.

DOCa(Denominacion de Orien Calificada) : 최상급 와인으로 3개 지역만 이에 해당된다. 리오하Rioja가 최초로 인정을 받았고 다음은 프리오라Priorat, 그 다음은 발포성 와인 생산지 카바Cava이다.

DO(Denominacion de Origen) : 원산지가 지정된 지역에서만 생선되는 고급 와인으로 프랑스의 DOC 급에 해당된다.

VdlT(Vino de la Tierra) : 프랑스의 vins de pay에 해당된다.

VdM(Vino de Messa) : 전국적으로 생산되는 일반적인 와인으로 스페인 와인 생산량의 75%가 이에 속한다. 이에 속하는 와인은 생산 지역, 포도 품종 및 빈티지를 라벨에 기록할 수 없다.

스페인의 유명 산지

리오하Rioja는 스페인에서 가장 큰 레드 와인 생산 지역으로 포도 재배자가 2,500명, 양조장이 500개 이상에 이른다. 리오하가 이렇게 중요하게 된 것은 프랑스에 만연하였던 필록세라 때문이다. 프랑스 보르도 지방이 필록세라로 황폐화함에 따라 프랑스 와인 생산자들이 피레네 산을 넘어 리오하에 포도밭을 마련하면서 스페인의 와인계도 기술을 전수받으며 품질 좋은 와인이 생산되기 시작하였다. 리오하 지역은 현재 보르도 스타일의 고급 레드 와인을 생산하는 곳으로 유명하다. 스페인에서는 와인 생산이 100여 년 동안 한 포도원, 베가 시실리아Vega Sicilia가 홀로 장악하고 있었으나 오늘날에는 와인 양조장이 사방에서 쏟아져 나오고 있다. 최근 생긴 유명 와인 양조장은 다음과 같다.

스페인의 자랑은 역시 셰리Sherry이다. 셰리는 주정강화 와인으로 대서양 연안의 헤레스Jerez가 고향이다. 셰리는 와인을 발효한 후 알코올 도수가 높은 브란디를

| 페네데스Penedés : Cava(sparkling wine)를 생산하는 양조장의 고향이다. 또한 일반 와인still wine도 생산하는데 대부분이 화이트 와인으로 체레로Xarel-lo, 마카베오Macabeo와 파렐라다 Parellada 포도이다.

| 나바라Navarra : 전에는 쉽게 마실 수 있는 로제Rosé를 생산하였으나 이제는 템프라닐로 Tempranillo, 카베르네 소비뇽, 메를르로 레드 와인을 만들고 있다.

| 루에다Rueda : 포도 베르데호Verdejo로 산뜻하고 과일 향 진한 화이트 와인을 생산한다. 때로는 소비뇽 블랑과 섞기도 한다.

| 리아스 바이야스Rias Baixas : 숙성을 잘 시켜 진하고 복합적인 향을 가진 알바리뇨Albariño를 생산한다.

이 화이트 와인은 알코올 농도가 높고 산미가 높은 것이 특징이다.

첨가하여 알코올을 18~20℃로 높이고, 산소와 접하도록(일반 와인은 산소를 차단한 다)하여 참나무 통에 저장하여 독특한 맛과 향이 난다. 셰리는 아페리티프나 디저트 와인으로 사용되며 포르투갈의 포트 와인과 함께 디저트 와인으로 세계적인 사랑을 받고 있다.

유럽 대륙에서는 독일과 포르투갈을 제외한 대부분의 나라에서 어떤 포도 품종을 사용하여 와인을 발효하였는지를 와인 병 라벨에 표기하지 않고 있다. 원산지 통제 명칭제도(AOC)가 프랑스에서 시작된 후 유럽에서는 이와 유사한 제도를 실시하고 있기 때문에 지역명은 바로 포도 품종으로 해석할 수 있다. 즉 프랑스의 특정지역에서는 특정 포도 품종을 심어야 할 뿐 아니라 면적당 포도나무 밀도, 재배법, 양조법 등을 통제하는 제도가 바로 아펠라시옹 도리진 콩트롤레

(Appellation d'Origine Controlee, AOC)이다. 그러나 몇몇의 유명 산지를 제외하고는 지역명과 와인명을 바로 연결하는 것이 쉬운 일이 아니므로 Brian Smith[15]의 제시가 큰 도움이 될 것이다.

15) Smith, B. H. 2003. The Sommelier's Guide to Wine. Black dog and Leventhal Publisher, NY pp43-57

2. 신대륙의 와인

미국

미국은 세계 5대 와인 생산국 중 하나이다. 미국 와인의 품질은 프랑스 와인을 능가하고 있다. 그러나 인구별 와인 소비량은 매우 낮다. 와인 주 생산 지역은 캘리포니아, 뉴욕, 오리건과 워싱턴 주이다.

미국에는 150개의 포도원 명칭(appellations)이 있는데 이들 절반 이상이 캘리포니아에 있다. 미국 정부에서 와인의 생산과 라벨을 규정에 따라 규제하는데 이를 AVA(The Appellations as Viticultural Areas)라 한다.

미국의 와인 산업은 날로 번창하고 있어 현재 3,726개의 와인 양조장이 공식 등록되어 있는데 그 중에 캘리포니아에만 1,700곳 정도가 있다. 또 그 중에 나파 밸리 한 지역에만 200개가 넘는 와인 양조장이 있다.

캘리포니아California

캘리포니아 전역에 걸쳐 포도 재배 및 와인 제조를 하고 있다. 가장 유명한 지역은 샌프란시스코 바로 위에 있는 나파 밸리Napa Valley와 소노마 카운티Sonoma County이다. 이들 지역은 기온이 온화하고 토양이 비옥하여 포도 재배에 적합한 곳일 뿐 아니라 매해 기후의 변동이 크게 없고, 포도가 잘 익을 수 있는 햇빛이 충분하여 항상 일정한 고급 와인이 생산된다.

과거 오랫동안 이 지역에서는 프랑스의 보르도와 부르고뉴 지역에서 재배되는 샤르도네와 카베르네 소비뇽 품종이 주로 재배되었으나, 최근에는 여러 품종으로 다양화하여 프랑스가 아닌 다른 지역 품종인 시라Syrah와 비노흐니어(Viognier

: 프랑스의 로네 계곡France's Rhone Vallay), 이탈리아 품종인 피노 그리지오Pinot Grigio, 모스카토Moscato, 상지오베세Sangiovese, 그리고 스페인 품종인 템프라일로Tempraillo 등도 재배하고 있다.

최근 10여 년 사이에 나파와 소노마 이외 캘리포니아의 여러 지역에서도 포도 재배가 급증하고 있다. 캘리포니아 포도 재배지는 북쪽 끝에서 남쪽 멕시코 국경에 이르는 전역에 퍼져 있는데 주요 산지를 보면 다음과 같다.

캘리포니아 유명 산지

| 북부 해안 : 나파, 소노마, 멘도치노Mendocino 및 레이크 카운티Lake County

| 중부 해안 : 샌프란시스코에서 로스앤젤레스에 이르는 넓은 지역으로 몬터리Monterey, 산타크루츠 Santa Cruz 및 리버무어Livermore

| 시에라 산기슭Sierra Foothills : 시에라 네바다Sierra Nevada의 서쪽 끝

| 중앙 계곡지대Central Valley : 기후가 좋아 모든 과실과 농작물이 생산된다는 샌 조킨 계곡San Joaquin Valley

와인 고장Wine country 나파와 소노마

나파와 소노마가 있는 북부 해안 지역을 '와인 고을wine country'이라 부른다. 특히 나파는 바로 '와인 컨트리'와 동의어로 인식되며 어른들의 놀이공원이라 불리기도 한다. 광활하게 펼쳐진 포도원 전경, 와이너리 투어링winery touring, 유명 식당에서의 와인을 곁들인 식사 등은 참으로 볼거리 놀거리가 풍부한 어른들의 놀이공원이라는 생각이 들게 한다. 이곳에 최상 포도 생산지역으로 지정된(AVA) 곳은 미국산 와인 병의 라벨에서 쉽게 찾아볼 수 있다.

| 루터포드Rutherford

| 하웰 마운틴Howell Mountain

| 아틀라스 피크Atlas Peak

| 마운트 비더Mount Veerder

| 오크 빌Oakville

| 스프링 마운틴Spring Mountain

| 스태그 립 디스트릭트Stags' Leap District(Stags' Leap Wine Cellar가 유명한 1976년 블라인드 테이스팅에서

프랑스 와인을 제치고 1위를 차지했고 30년 후인 2006년 앙코르 시음 대결에서 다시 2위를 차지 했다).

나파에서는 카베르네가 단연 최고이다. 그 외에도 샤르도네, 소비뇽 블랑, 메를로 그리고 진판델을 재배한다.

소노마는 나파와는 전혀 다른 분위기로 조용하며 올드 스타일이나 전통적이고 차분한 분위기이다. 기후도 또한 나파와 달라 새벽에 안개가 끼었다 해가 뜨며 걷히는 곳이다. 낮에는 뜨겁고 밤에는 서늘하여 피노 누아와 같은 품종을 재배할 수 있다. 유명한 양조장이 있는 곳으로는 다음과 같다.

유명한 양조장

| 알렉산더 계곡Alexander Valley : 카베르네 소비뇽과 샤르도네로 유명하다.

| 러시안 리버 계곡Russian River Valley : 피노 누아, 샤르도네 그리고 발포성 와인으로 유명하다.

| 드라이 크릭 계곡Dry Creek Vally : 지판델Zinfandel이 유명하다.

| 소노마 계곡Sonoma Valley와 소노마 산Sonoma Mountain : 카베르네, 포인 누아, 샤르도네가 생산된다.

뉴욕New York

뉴욕주는 포도 재배와 와인 생산에 오랜 역사를 가지고 있으며 최근에 미국 내외에서 좋은 평가를 받고 있다. 이곳은 낮은 기온 때문에 많은 포도 재배 농가에서는 유럽 품종과 미국 자생포도와의 교배품종을 선호하고 있고, 내한성이 큰 유럽 품종도 생산한다. 와인 원료로 교배품종 이름이 유럽 품종 이름만큼 잘 알려지지 않았으나 세이블 블랑Seyval Blanc, 비달Vidal과 비그노레스Vignoles 등은 우수한 품종이다. 주요 와인 생산 지역은 핑거 레이크Finger Lakes, 허드슨강 유역 지역Hudson River Valley Region, 롱아일랜드의 노스포크North Fork of Long Island이다.

오리건Oregon

포도원과 와인 공장이 주로 저온 해안가에 위치하고 있다. 주요 품종은 피노 누아Pinot Noir와 샤르도네Chardonnay이다. 남쪽 지방에서는 카베르네 소비뇽과 시라도 재배된다. 주 생산 지역은 윌라메트Willamette Valley이며, 남쪽으로 움프쿠아Umpqua Valley, 로그Rogue Valley, 애플게이트Applegate Valley가 있다.

워싱턴Washington

와인 산업이 급속히 팽창하고 있어, 아직도 포도원을 만들 여지가 많다. 포도원 대부분이 준 사막의 내륙에 있다. 이곳은 낮 온도는 높고, 밤 온도는 낮아 온도의 차이가 크므로 성숙된 향이 풍부하며, 청량감이 높은 산뜻한 맛과 신맛이 우수한 와인을 생산한다.

주요 생산지는 컬럼비아Columbia Valley, 야키마Yakima Valley와 웰라웰라Walla Walla Valley이다. 컬럼비아 계곡은 광활하므로 저온 지대에서는 리슬링Riesling을 재배하며, 남쪽 고온 지대에서는 시라Syrah를 재배한다. 야키마 계곡은 남향 언덕에서 풍부한 일조량을 받으므로 온도가 높은 포도 품종, 주로 카베르네 소비뇽과 메를로가 재배된다. 이들을 섞어서 보르도 스타일 와인을 생산한다.

미국 와인은 주로 원료가 되는 포도의 명칭을 상표로 하는 버라이어탈 와인varietal wine인데 이 경우 반드시 그 품종이 75% 이상 포함되어야 한다. 버라이어탈 와인과 구분하여 메리티지meritage 와인이 있는데 이는 보르도 지방산 품종인 카베르네 소비뇽이나 메를로와 같은 품종을 섞어 만든 포도로 한 품종이 75%를 넘지 않기 때문에 포도 품종을 상표로 할 수 없다. 메리티지 와인은 미국 유명 와인 산업체들이 브랜딩으로 고급 와인을 만드는 프랑스 와인에 도전하기 위해 생산하기 시작하여 현재는 고급 와인으로 인정받고 있다.

와인 라벨에 리저브Reserve라는 단어가 표기된 것은 법적 구속력은 없으나 오랜 숙성을 거친 프리미엄급이란 표시이다. 이에 비하여 값싼 일반 와인은 제너릭Generic와인으로 구분한다.

호주

지난 수십 년간의 노력으로 호주는 세계시장에 주요 와인 생산국으로 진출하게 되었다. 그러나 여기에 만족하지 않고 2025년까지는 5대 와인 생산국이 되는 것을 목표로 하고 있다. 이를 위해 구입하려는 가격에 걸맞는 적당히 익은 포도를 사용하여 고객을 사로잡을 수 있는 좋은 와인을 생산하자는 계획을 실현해나가고 있다. 호주 와인 제조업자는 장소에 구애받지 않는다. 필요한 포도나 포도액을 수천 마일 밖에서 구입하고, 혼합용 포도를 다른 곳에서 구입하여 목표 기준에 합당한 와인을 만든다. 와인 주 생산지는 호주 남부South Australia, 뉴 사우스 웨일즈New South Wales와 빅토리아Victoria이다.

호주 남부에서 유명한 와인 생산 지역은 보로사 계곡Borossa Valley, 쿠나와라 Coonawarra, 랑혼 크릭Langhorne Creek, 맥라렌 베일McLaren Vale 그리고 피커딜리 계곡Piccadilly valley이다. 호주 남부는 호주에서 와인을 가장 많이 생산하는데, 그 종류도 다양하다. 품종은 시라, 샤르도네, 피노 누아로서 정상급의 보르도 형태의 와인과 미국 나파 밸리의 카베르네 와인과 동등할 정도의 품질을 갖고 있다. 기온이 낮은 피카딜리 계곡에서는 샤르도네와 피노 누아를 재배하며, 발포성 와인도 생산한다.

뉴 사우스 웨일즈에서 와인의 주 생산지는 헌터 계곡Hunter valley이다. 이곳은 기온이 높으므로 카베르네 소비뇽과 쉬라즈를 재배하며, 와인은 잘 익은 과일의 특성을 가지고 있다. 저온지대인 브로큰백Brokenback 산맥의 포도원에서는 샤르도네를 생산하는데 이것은, 매우 우수하고 성숙한 과일 향의 와인으로도 유명하다. 또한 과일향이 풍부한 세미용 와인도 생산하며, 스위트 레이트 하비스트와 보트리티스 스타일의 와인도 우수한 평을 받고 있다.

빅토리아Victoria는 호주의 최남부에 있는데 여기에는, 기온이 매우 낮은 남부 해안지대와 기온이 온난한 북부의 내륙지방이 있다. 수십 년 전에는 북부 온난한 지역에서 포르투갈과 스페인식의 포트 와인과 셰리 와인 제조용 와인 품종을 대대적으로 재배하였다. 현재에도 리큐어 머스캣Liqueur Muscat이 제조되고 있다. 이 와인은 단맛이 매우 강하며, 알코올 농도가 20%이고, 건조 무화과 향과 자두 향이 진하다.

현재에는 남부 저온지대가 순하고 저온성 포도 품종 생산의 중심이 되었다. 특히 야라 계곡Yarra Valley에서 나는 주요 품종은 리슬링, 샤르도네와 피노 누아이다. 그러나 일부 온난한 벤디고 지역에서는 쉬라즈와 카베르네를 재배한다.

뉴질랜드

뉴질랜드는 남반구에서 최남단의 포도 생산국이다. 지리적 특성에 의하여 포도 재배 기간에는 풍부한 햇빛이 들지만 야간에는 온도가 상당히 내려가므로 포도의 산도가 높아 와인도 신맛이 강하다. 과거에는 뉴질랜드 소비뇽 블랑New Zealand Sauvignon Blanc이 주요 품종이었으나, 지금은 샤르도네, 피노 그리, 리슬링, 피노 누아를 재배하여 개성적인 와인을 생산한다.

칠레

칠레는 남미의 태평양에 접한 긴 나라이다. 남북에 걸쳐서 기후의 변화가 매우 크다.

포도의 산지는 중부의 온난한 지역을 중심으로 모여 있다. 포도 품종은 온난한 기후에 적합한 레드 와인용 카베르네 소비뇽과 메를로를 많이 재배하고 있고, 화이트 와인용 칠리언 샤르도네와 소비뇽 블랑도 재배하고 있어 많은 양의 와인이 생산되고 있으나, 더운 지방 와인 특징인 산도가 낮고 과숙한 포도의 느낌이 난다. 현재는 세계시장에 저렴한 가격으로 수출하고 있다. 레드 와인의 주요 지역은 마이포 계곡Maipo Valley, 라펠 계곡Rapel Valley과 아콩카과 계곡Aconcagua Valley이고 화이트 와인 지역은 마울레 계곡Maule Valley과 카사블랑카 계곡 Casablanca Valley이다.

V. 와인과 생활

국제화 시대를 맞이하게 되면서 우리는 낯선 와인 문화에 노출되고 있다. 비즈 니스가 이제 국내에만 한정된 것이 아니고 국제적으로 넓게 퍼져 나가면서 외국 인과의 상담이 이루어지는 식사 초대에는 기본적으로 와인이 함께 등장한다. 어 떤 와인을 주문해야 할지도 몰라 그저 생선요리에는 화이트 와인으로 샤르도네, 고기에는 레드 와인으로 카베르네 소비뇽을 시키면 큰 망신은 당하지 않는다는 정도의 지식을 가지고 식사 자리에 앉지만 그 정도의 주문을 하면 식사 시간은 와인 중심의 이야기로 진전되기 쉽다. 따라서 잘 모르면 낭패를 당하기 십상이 다. 이제 일상생활에서 와인을 접하고 배우며 와인과 친구하기를 시작해야 하는 시대에 우리가 살고 있다.

1. 언제 어떤 와인을 선택할까?

현대는 와인 애호가에게 축복의 시대이다. 지금같이 와인을 모든 사람들이 즐길 수 있는 기회가 주어진 적이 없었다. 세계 각 지역의 다양한 종류의 와인을 누구나 구할 수 있지 않은가. 이제 새로운 고민은 어떤 와인을 살까 하는 것이다. 와인을 잘 고르려면 식사에 곁들여 마실 것인가, 특별한 모임에 사용할 것인가 혹은 장식용으로 수집할 것인가 등의 목적을 정하고 여기에 적합한 와인을 고르면 된다. 와인의 종류는 셀 수 없이 많다. 와인 맛도 매우 다양한데 포도 품종, 생산 연도와 생산지에 따라서 특성이 다르다. 와인도 종류별로 특징이 있으므로 와인 종류를 아는 것이 와인 선택의 첫 걸음이다.

와인은 색깔이 다르면서 그 맛도 다르다. 화이트 와인은 산뜻하고 향이 뛰어나며 신맛이 나면서 떫지 않다. 연한 노란색을 띠는 것이 우수한 화이트 와인이다. 제조 후 3년 정도 지났을 때가 마시기 적기이며 더 지나면 산화가 진행되어 색깔이 갈변하며 진해진다. 레드 와인은 떫은 타닌 맛이 나며 제조 초기에는 진한 적색이지만 시간이 경과하면서 색이 연해지며 적갈색으로 된다. 분홍색을 띠는 로제 와인은 레드 와인과 화이트 와인의 중간 맛으로, 모든 음식에 잘 어울리며 2~3년 된 것이 좋다.

단맛이 진한 스위트와인은 "Late Harvest", "Ice wine" 혹은 "Botrytis"라고 표시하는데 당도가 5% 이상이다. 이보다 연한 단맛이 나는 것을 세미 스위트 와인semi-sweet wine 혹은 오프 드라이 와인off-dry wine이라 한다. 이들은 주로 화이트 와인인데 친교 시 또는 식사 전후에 이것을 마시면 분위기가 즐거워질 수 있다. 달지 않은 드라이 와인dry wine은 당도가 0.5Brix 이하이며 레드 와인뿐 아니라 화이트 와인에도 드라이 와인이 있다. 이들이 할인점이나 백화점 등에서 가장 흔히 만날 수 있는 와인으로 주로 식사용table wine으로 음식과 더불어 마신다. 양념이 연한 음식에는 화이트 와인, 양념이 진한 음식에는 레드 와인을 마신다. 양식은 여러 요리가 한꺼번에 나오는 것이 아니라 한 가지씩 차례로 나오는 것이 특징이다. 식사할 때 먼저 먹은 요리가 입에 남아 있으면 다음 요리의 맛에 영향을 미치므로 달지 않고, 떫은맛의 드라이 와인 한 모금으로 입가심을 하면 다음 요리의 맛을 돋울 수 있다. 그러나 친교 시에 떫은 드라이 와인을 마시면 기분도 떫어지므로 유쾌한 대화에 도움이 되지 않는다. 따라서 떫은맛과 함께 중후한 느낌을 주는 버디의 정도를 고려하여 와인을 선택한다(와인과 음식 참조).

샴페인Champagne은 잔에 따르면 공기 방울이 올라온다. 주로 화이트 와인이며 단맛이 나는 것도 있다. 축제 및 기쁨을 표시할 때 주로 등장한다.
강화 와인fortified wine은 단맛이 나며 알코올 농도가 18~21%로 매우 높으며 주로 후식용 및 친교용이다. 대표적으로 포트 와인과 셰리 와인 두 종류가 있다.

다음으로 때와 장소 및 음식의 종류가 와인 선택에 있어서 중요한 요소이다.
때와 장소 및 음식에 따라 와인을 잘 선택하면 분위기도 살리고, 음식 맛도 상승시키지만, 선택을 잘못하면 돈만 많이 들고 분위기도 좋지 않고 음식 맛도 신통치 않게 된다.

축제

결혼식, 생일잔치, 축제 등에서 마시는 와인은 즐거운 분위기를 고조시켜야 한다. 따라서 맛이 떫지 않아야 하며, 단맛이 돌며, 가벼운 와인이 제격이다. 샴페인, 세미 스위트 와인이 무난하다. 많은 결혼식에서 "신랑신부를 위하여 축배를 듭시다" 하면서 비싼 레드 와인을 제공하는데, 레드 와인은 대체로 떫고, 쓴맛이 강하므로 마시고 난 다음에 하객들의 얼굴이 유쾌하지 않은 표정이다.

만남 연인과의 데이트, 업무상 만남, 혹은 아쉬운 건으로 상사와의 만남 등에서는 상대방의 기분을 좋게 해야 한다. 스위트 로제 와인, 세미 스위트 화이트 와인, 오프 드라이 레드 와인 순으로 결정하면 무난하다. 가능한 한 무거운 드라이 레드 와인이나 드라이 화이트 와인은 피하는 것이 좋다.

기분 좋게 어울릴 때 친한 친구들과 기분 좋게 어울릴 때, 동아리모임, 하이킹 시 잠시 쉴 때 한 모금씩 돌려 마실 때는 알코올 농도가 약간 높은 포트 와인이 제격이다.

식사 음식 종류가 다양하며, 조리 방법도 여러 가지이므로 와인도 여기에 걸맞는 종류를 선택하여야 한다. 따라서 와인과 음식의 선택은 다음에 자세히 논하기로 한다.

이상에서 본 바와 같이 음식 등에 따라 와인 종류의 선택이 달라지지만 일상적으로 집에서 마시려고 와인을 선택할 때는 단순하게 3가지 사항을 염두에 두고 와인 라벨을 보고 선택하면 큰 무리가 없다.

첫째, 와인의 색을 선택한다. 레드 와인 혹은 화이트 와인 등.

둘째, 와인 생산국을 선택한다. 같은 품질의 와인이어도 신대륙 와인은 비교적 저렴하다.

사진제공 보르도 포도주협회(CIVB), A.Benoit

셋째, 생산 지역을 확인한다. 구대륙산 와인에서는 지역이 바로 와인의 품질을 결정하므로 고급 와인을 구입하고자 할 때는 반드시 어느 지역 와인인가를 확인한다.

와인을 선택할 때 기억해야 하는 것은 오래된 와인이 항상 우수한 것이 아니고, 품종과 제조 방식에 따른 적당한 시기에 마시는 것이 좋다는 것이다. 또한 와인의 값도 와인 종류만큼이나 다양한데 비싼 와인이 반드시 좋은 것은 아니고, 본인의 입맛에 맞는 것이 최상의 와인이라는 것이다.

2. 와인과 음식

전통적으로 화이트 와인에는 흰색 요리 즉 생선 혹은 흰색 육류를 주문하고, 레드 와인에는 붉은색 요리 즉 육류를 주문한다. 그러나 최근에는 음식이 세계화하여 동양음식, 서양음식 등이 어우러져 종류가 다양해졌고, 육류 이외 채소류도 각각의 색깔을 가지고 있으므로 단순하게 백색과 적색으로 나눌 수는 없다. 현재는 테이블 와인은 반찬의 개념으로 보아야 하므로 밥상 위의 음식과 조화를 이루어야 한다.

음식이 싱거우면 가벼운 와인을 택하고, 양념이 진한 음식에는 중후한 와인을 택하면 된다. 일반적으로 맛과 향이 강한 레드 와인에는 생선이나 육류를 불문하고 향료 및 양념이 진한 요리가 어울리며, 향이 연한 화이트 와인에는 양념이 적은 요리가 어울린다.

와인과 요리 맛의 결합(진함과 약함)

요리와 와인의 진한 맛이 비슷한 조합이 바람직하다. 요리의 맛은 요리 재료와

조리 방법에 따라서 결정된다. 즉 동일한 재료를 사용하더라도 조리 방법이 다르면 맛의 깊이가 다르다.

다음 표에는 요리 재료와 조리 방법의 맛이 약한 것에서 점점 강한 맛의 순서로 표시되어 있다. 다음 페이지의 표는 포도 품종과 발효 방법에 의한 와인의 강도를 말한다. Oldman[16]은 와인 종류별로 강도를 분류해 놓았다. 그러나 와인의 무게는 같은 와인이라 하더라도 생산자, 생산지 그리고 빈티지에 따라 다를 수 있다는 점을 염두에 두어야 한다.

주의할 것은 짠 음식을 먹을 때 알코올 도수가 높은 와인을 마시면 안 된다는 것이다. 음식이 더 짜게 느껴지기 때문이다. 이때에는 알코올 농도가 낮으며, 과일 향이 강하거나 혹은 약간 단맛이 나는 화이트 와인이 양쪽 맛을 살린다. 또한 크림 류가 들어 있는 음식을 먹을 때 떫은맛이 강한 레드 와인을 같이 마시면 와인의 타닌과 음식의 크림이 화학 반응을 일으켜 괴상한 맛을 내므로 피해야 한다.

와인과 치즈

와인 안주로는 치즈가 가장 좋다. 그러나 우리들에게는 아직도 맛이나 이름에 익숙하지 않다. 그렇지만 와인을 마시는 기회가 많아지고 아울러 치즈를 먹어야 하는 경우가 많아지므로 치즈에 대한 상식도 알아 두어야 한다.

유럽에서는 일상적으로 치즈를 먹기 때문에 그 종류도 다양하다. 오랫동안 와인에 곁들여 치즈를 먹어왔기 때문에 그 지방 와인에 잘 맞는 치즈가 그 지방에서 생산되었다. 그렇다고 해서 모든 치즈가 아무 와인과 잘 어울리는 것은 아니다. 오랜 경험에 의하여 어떤 치즈가 어떤 와인과 잘 맞는다는 것이 전통적으로 전해 오고 있다.

16) Oldman, M. 2004. Oldman's Guide to Outsmarting Wine. Penguin. p225

요리 재료와 조리가 맛의 진함의 순서 (약함에서 강함 순서 – 이미지화)

음식	조리 방법
허 가자미 (sole)	찜 (steam)
넙치류 (flounder)	뜨거운 물에 데침 (poach)
가리비 (scallop)	삶은 것 (boil)
농어 (bass)	버터 등으로 살짝 튀김 (saute)
대구 (cod)	굽기 (grill/broil/BBQ)
새우 (shrimp)	볶음 (roast)
송어 (trout)	기름에 튀긴 후 삶음(braise/stew)
닭고기 (chicken)	
칠면조 (turkey)	
연어 (salmon)	
돼지 (pork)	
참치 (tuna)	
오리 (duck)	
쇠고기 (beef)	
서양식불고기 (steak)	

포도 품종과 발효방법이 와인 강도 에 미치는 순서(약함부터 강함으로)

포도 품종	발효 방법
약한 와인	약한 와인
Riesling (W)	스테인리스 스틸 발효 통에서 발효와 숙성
Pinot Grigio (W)	스테인리스 스틸 발효 통 발효 후 장기간 나무통 숙성
Chenin Blanc (W)	참나무 통에서 발효 및 숙성
Sauvignon Blanc (W)	강한 와인
Pinot Blanc (W)	
Pinot Gris (W)	
Gamay (R)	
Chardonnay (W)	
Pinot Noir (R)	
Carbernet Franc (R)	
Merlot (R)	
Zinfandel (R)	
Cabernet Sauvignon (R)	
Syrah (R)	
강한 와인	

LIGHTER

Lighter Whites
Vinho Verde
Pinot Grigio
Alsace (Pinot Blanc)
Sancerre/Pouily-Fumé
White Burgundy (Mâcon, some Chablis)
Champagne and sparkling wine (varies with the grapes)
Pinot Gris (Oregon, California)
Gruner Veltliner
New World Sauvignon Blanc
Alsace (Pinot Gris, Gewurztraminer, Riesling)
Albariño
White Bordeaux/Graves
White Burgundy (fine Chablis and Côte de Beaune whites)
Viognier
New World Chardonnay

HEAVIER
Heavier Whites

LIGHTER

Lighter Reds
Beaujolais
Rioja (Crianza)
Dolcetto
Red Burgundy
New World Pinot Noir
Chianit (not Reserva)
Côtes-du-Rhone
Barhera
Chinon
Rioja (Reserva and Gran Reserva)
Chianti (Reserva)
New World Cabernet France
Red Bordeaus
Merlot
Primitivo
Malbec
Zinfandel
Syrah/Shiraz/many fine Rhónes
Brunello
Super Tuscans
New World Cabernet Sauvignon
Northern Rhône (Hermitage and Côte Rôtie)
Barolo and Barbaresco

HEAVIER
Heavier Reds

- 체다Cheddar 치즈와 카베르네 쇼비뇽
- 모짜렐라Mozzarella와 키안티Chianti
- 고다Gouda와 리슬링Riesling
- 브리Brie와 샤르도네Chardonay 또는 피노 누아Pinot Noir
- 양젖 치즈와 상크레Sancerre
- 쉐브르Cheévre와 게부르츠리미너Gewuérztraminer
- 스틸톤Stilton과 포트Port
- 로크포트Roquefort와 싸턴Sauternes

이 궁합은 대부분 누구에게나 또 어느 때에나 별 무리 없이 받아들여진다. 그러나 수많은 와인과 치즈가 생산되고 있는 현대에 굳이 유럽 전통에만 묶여 있을 필요는 없다. 실패를 할 때도 있겠지만 내가 찾아낸 궁합이 가장 좋을 수도 있다는 것을 염두에 두고 모험을 해보는 것도 즐거움이다.

3. 식당에서 와인 대하기

와인 주문하기

식당에는 음식을 먹든지 혹은 음료를 마시기 위하여 간다.

식당에 들어가면 입구의 카운터에서 웨이터(혹은 웨이트리스)의 안내를 기다려야 한다. 식당에 들어가서 안내 없이 아무 빈자리에 앉는 것이 우리 방식이지만 외국에서는 꼭 안내를 받아야 한다. 안내를 받아 자리에 착석하면, 침착하게 약간의 품위를 세우는 것이 좋다. 웨이터가 식사 메뉴를 가져오면 음식을 택하고, 와인을 원하면 "와인 리스트 좀 볼까요Wine list please."하면서 와인 리스트를 가져 오게 한다. 웨이터가 와인 리스트를 가져왔을 때 다음과 같이 행동하면 무난하 다. 즉 식당에서 와인을 주문할 때는 다음과 같은 순서가 보통이다.

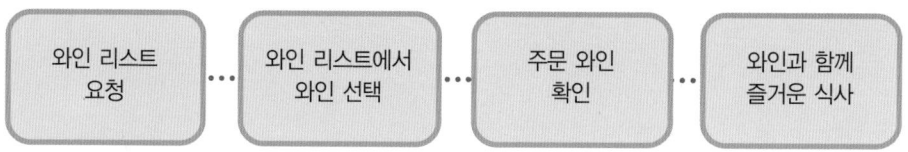

와인 차림표Wine List

와인 리스트의 편성은 식당마다 약간 다르지만 보통 세 가지 방식으로 분류할 수 있다. 즉 와인 종류wine style, 생산지역Geographic area 혹은 포도 종류grape type 로 편성되어 있다.

와인 종류로 편성

레드 와인red wine, 화이트 와인white wine, 발포성 와인sparkling wine, 로제 와인 rose wine 등의 큰 제목으로 나누고 그 밑에 각 와인의 상호, 생산자, 생산 지역, 품종 및 생산연도 등을 기술한다. 이 방식은 매우 간단하므로 쉽게 와인을 선택 할 수 있다.

생산 지역으로 편성

와인을 생산 지역으로 나누어 분류 작성한 것이다. 구대륙인 유럽, 특히 프랑스 에서는 와인을 여러 품종 혼합하여 그 지역의 특징적인 맛을 내므로 각 지역을 중시하여 와인 리스트를 지역으로 편성한다.

포도 품종으로 편성

전 세계적으로 가장 보편적으로 사용하는 편제이다. 이는 현재 많은 국가에서

와인병에 부착하는 라벨label에 포도 품종명을 기술하기 때문이다. 예를 들면 샤르도네Chardonnay, 소비뇽 블랑Sauvignon Blanc, 카베르네 쇼비뇽Carbernet Sauvignon 등으로 분류한 다음 각 와인의 생산자 및 생산 연도 등 특정 사항을 기술한다. 이 방법은 와인에 어느 정도 예비지식을 가진 사람은 포도 품종별 특징을 알고 있으므로 와인선택을 쉽게 할 수 있다. 많은 와인은 두 가지 이상 품종을 혼합하여 생산하므로 한 가지 품종 이름으로 분류할 수 없다. 따라서 이런 때는 혼합된 품종 이름을 병기하는 수도 있다. 예를 들면 카베르네 소비뇽과 메를로를 혼합하여 만든 와인은 카베르네 메를로Cabernet-Merlot라고 표시한다.

와인 선택

와인 리스트에서 분위기와 음식과 조화를 이루는 적당한 와인을 선택하였으면 웨이터에게 선택된 와인을 주문한다(와인 선택 란을 참고 할 것).

와인을 주문할 때는 우선 음식에 어울리는 것을 선택하고, 다음에는 얼마나 많은 종류의 와인을 살 것인가 하는 것을 결정하여야 한다. 만약에 한 가지 종류의 와인으로 식사를 할 때는 병으로 주문하는 것이 좋다.

식사 중에 두 종류 이상의 와인을 마실 때에는 잔으로 주문하는 것이 유리하다. 즉 식사 전 와인으로 시작하고, 주식이 들어올 때는 무게가 나는 테이블 와인을 마시고 식사 후에는 디저트 와인을 마시는 식이다.

아페리프(식사 전 와인)은 식사 종류와 관계없이 가볍고, 단순하며, 신맛이 강하고, 입맛을 개운하게 하며, 식욕을 돋우면서, 즐겁게 마실 수 있는 것이 좋다. 일반적으로 발포성 와인이 무난하다.

테이블 와인은 식사 때 음식을 먹으면서 함께 마시므로 음식과 조화를 이루는 것이 매우 중요하다. 음식 종류에 따라 적당한 것을 잘 선택해야 식사를 즐겁게 할 수 있으며 와인 맛도 배가 된다.

디저트 와인은 식사 후 후식을 먹으면서 마시므로, 후식의 맛과 비슷하여야 좋다. 후식은 대부분이 단맛을 가지는 케이크, 아이스크림, 파이 등이므로 디저트 와인도 단맛을 가진 단 와인, 즉 ice wine 또는 botrytised wine이 좋다.

그러나 이들은 가격이 매우 비싸므로, 화이트 와인 중에서 세미 스위트 와인을 택하면 무난하다.

만약에 적당한 와인을 선택하기가 어려울 경우는 웨이터에게 본인이 좋아하는 와인의 특징을 설명하여 도움을 받는 것도 한 가지 방법이다.

도움 없이도 크게 실패하지 않을 지름길은 아무 음식에나 비교적 잘 어울리는 와인을 선택하는 것이다. 여기에 속하는 와인은 로제 와인이다.

확인

웨이터가 와인병을 가져오면 주문한 것과의 동일 여부와 품질의 우량 여부를 확인한다. 특히 확인할 사항은 라벨, 코르크, 와인 내용 즉 냄새와 맛이다.

| 병label 확인 : 웨이터는 병뚜껑이 개봉되지 않은 것을 가져와야 한다. 만약에 개봉된 와인 병을 가져오면 퇴짜를 놓고 개봉 안 된 병을 가져오라고 명한다. 우선 라벨을 보고 주문한 와인이 맞는지 다음 사항을 살펴본다. 생산자, 연도, 품종, 지역 이 모든 것이 확인되면 개봉을 명한다.

| 코르크Cork 확인 : 웨이터가 병마개를 열 때에 웨이터의 존재를 의식하지 말아야 한다. 즉 그의 눈이나 혹은 행동을 응시하지 말고, 자연스럽게 친구들과 담소를 나누는 것이 좋다. 웨이터가 병을 개봉하면, 코르크 마개를 보여달라고 하여 코르크 마개를 검사한다.

코르크 마개는 약간 습하고, 신선한 상태면 좋다. 코르크 마개가 건전하면 대체적으로 와인은 양호하다. 그러나 코르크 마개가 매우 건조하면 이는 와인 병을 세워서 장시간 보관하였다는 것을 의미하기 때문에 이럴 경우에는 건조된 코르크를 통하여 과도한 산소가 유입되어 산화가 촉진되어 와인이 노쇠하였을 가능성이 높다. 반면에 코르크가 너무 젖어 있고 끈적거리며 변색되어 있으면 너무 습한 곳에서 보관하였던 것이므로 곰팡이 등이 자랐을 가능성이 있다. 코르크 마개를 냄새 맡아서 불쾌한 냄새가 나면 좋지 않은 와인이므로 다른 병으로 바꿔달라고 한다.

코르크 마개에 이상이 없으면 웨이터에게 와인 맛보기taste를 위한 소량의 와인을 따르라고 명한다. 이때 시음하는 사람은 제일 연장자나 손님을 청한 장본인host이어야 한다.

| 와인 확인 : 와인 향을 맡아 보아 좋으면 굳이 맛을 볼 필요도 없이 좋다고 판단한다. 경우에 따라서는 소량을 짧은 시간에 맛을 보아도 좋다. 그러나 와인 향이 나쁘면 와인이 변질되었다는 말이므로 맛볼 필요도 없이 퇴짜를 놓아야 한다. 변질된 와인을 돈 주고 마실 필요가 없다.

와인과 더불어 즐거운 식사

확인 과정을 통과하였으면 웨이터에게 좋다고 표시하면 된다. 식당에 따라서는 웨이터가 손님 와인 잔에 일일이 따라주기도 하고, 또는 그냥 와인 병을 식탁에 놓고 가기도 한다. 이럴 때는 각자가 따라 마신다.

그리고 또 다른 종류의 와인을 주문할 때는 새로운 와인 테이스트도 깨끗한 잔 clean glass으로 하여야 한다. 또한 웨이터에게 모든 손님에게도 깨끗한 잔을 제공하도록 말을 하여야 한다. 동일한 잔으로 다른 종류의 와인을 마시면 이전에 마셨던 와인의 잔재가 잔에 남아 있어서 다음 와인의 향과 맛을 음미하는 데 영향을 주므로 바람직하지 못하다.

와인을 마실 때는 맥주나 막걸리 마시듯이 벌컥벌컥 마시는 것이 아니라 감각기관을 동원하여 천천히 음미하며 마신다. 그래야 그 맛이 더 깊어진다. 와인 병에서 코르크 마개가 빠져나오는 소리가 나고 와인이 잔에 채워지는 소리를 들으며 우리는 기대에 차 와인을 마실 준비를 한다. 와인을 마실 때는 감각기관을 동원하여

첫째 눈으로 마신다.

와인이 잔에 채워질 때부터 와인 맛의 음미는 시작된다. 시각적으로 색깔과 투명도를 보며 와인의 성격을 감지한다. 또 시각적으로 와인의 농도를 어느 정도 짐작할 수 있다.

둘째 코로 마신다.

와인을 마실 때 향을 음미하지 못한다면 와인 맛의 절반은 잃어버린 것이라 말한다. 와인에서는 다양한 향을 맡을 수 있다. 와인에서 감지되는 향에는 포도 열매 자체에서 나오는 과일, 꽃, 풀잎의 향기와 같은 향긋한 냄새뿐 아니라 흙냄새

나무냄새와 같은 냄새도 있다. 발효 과정 중에 생긴 부드럽고 감미로우면서 다양한 새로운 향이 어우러지면서 와인의 성격을 결정하게 한다. 와인 자체도 향이 다양하지만 이 향을 감지하는 것도 사람에 따라 다르다. 와인을 처음 마실 때는 특별한 느낌 없이 마시지만 와인을 자주 대하며 와인의 향을 찾다보면 점점 더 와인을 좋아하게 된다.

셋째 혀로 마신다.

와인을 마실 때 혀의 미각을 통해 4가지 기본 맛인 단맛, 짠맛, 쓴맛, 신맛을 감지할 수 있고 더 나아가 타닌에서 오는 떫은 맛을 느낄 수 있다. 혀의 위치에 따라 맛을 감지하는 부위가 다르므로 같은 와인일지라도 마실 때 입 앞쪽에 와인을 모아 맛을 보면 와인의 단맛을 더 느낄 수 있고 입 안 깊숙이 목구멍 가까이에 와인을 삼켜 맛을 보면 단맛보다 드라이한 느낌을 더 받게 된다. 와인 잔의 형태도 맛을 보는 데 영향을 미치는데 크고 둥근 잔으로 테두리rim가 넓은 잔으로 마시면 와인이 혀의 앞부분에 많이 닿게 되지만 잔을 보면 밑은 넓으나 입구로 올수록 좁아져 각이 커진다. 각이 크면 와인이 혀의 앞쪽에 닿기보다 뒤쪽으로 바로 들어가게 되므로 드라이한 맛을 즐길 수 있다.

넷째 목으로 마신다.

와인이 입 안에 들어 오기도 전에 코가 벌써 냄새를 맡고, 입 안에 들어 온 와인은 혀가 그 맛을 분석하지만 입 안에 들어 온 와인에서 나오는 향은 목구멍을 통해 다시 후각에 전달된다. 또한 와인이 목구멍을 넘어 들어가면서 느껴지는 부드럽고 향긋한 복합적인 맛을 뇌가 감지하게 한다.

와인을 입에 물고 입술을 약간 오므리며 공기를 마시듯이 와인을 목으로 넘기면서 입을 다물고 코로 천천히 숨을 내쉰다. 그러면서 입 안에서 발산된 향과 맛을 한 번 더 음미하면서 와인의 깊은 맛을 즐긴다.

BYOB 란?

BYOB는 "Bring Your Own Bottle"의 준말로 자신의 와인을 가지고 와 마실 수 있다는 영미계 식당의 마케팅 수단이다. 식당 측에서는 자신의 와인을 들고 오는 것을 그리 좋아하지는 않겠지만 어떤 곳에서는 와인 잔을 준비해주고 와인 병마개를 개봉해주는 등에 대한 수고비corkage를 지불하면 좋은 서비스를 받을 수 있다. 고급 식당에서는 손님 확보 차원에서 수고비가 면제되는 날을 정하여 손님 확보에 힘쓰고 있다. 우리나라에서는 소공동 롯데호텔이 월요일과 토요일, 그랜드 인터콘티넨탈 그랑카페가 토요일에 수고비를 면제하고 강남에도 수고비를 면제하는 곳이 있다. 수고비 면제일이 아니더라도 2~3만 원의 비용을 들이면 자신이 아끼는 와인이 곁들여진 식사로 즐거운 시간을 보낼 수 있다.

이와 같이 시각, 후각, 미각을 통하여 와인의 색, 향, 맛을 분석하듯이 음미한다고 하지만 꼭 그렇게 할 필요는 없고 자신이 편한대로 맛을 음미하면 된다. 그러나 초심자들은 전문가들이 하는 방식을 따라 하면 와인을 더 잘 알게 되고 와인과 가까워질 수 있다.

좋은 와인과 불량 와인의 구별

1) 시각적인 판단 와인은 맑아야 한다. 와인을 잔의 1/4 정도까지 채우고, 흰색 배경 위에서 잔을 앞쪽으로 약 45° 정도 기울이고 내려다보면 와인의 색과 혼탁 여부를 잘 관찰할 수 있다. 탁하면 상태가 나쁜 것일 가능성이 높으므로 마시지 않는 것이 좋다. 그러나 병 밑 부분에 있는 모래 같은 결정은 주석산염이 침전된 것이므로 문제가 되지 않는다.

색은 레드 와인은 신선한 것은 색이 선명하나 오래되어 낡은 와인은 와인 색깔이 어두우며 연해져 있다. 특히 관리를 잘못한 와인에서 이런 증상이 심하다. 화이트 와인은 신선한 것은 색이 연하고 투명하나, 오래된 것은 색이 진한 갈색으로 변해 있다. 와인 저장 유효기간은 각각 다른데 이 유효기간을 넘긴 것은 신선도가 떨어져 맛과 향이 감소된다. 대체적으로 시중에 판매되는 중저가 레드 와인은 약 3~5년 숙성된 것이 소비 적기이며, 화이트 와인은 2~3년 이내에 마시는 것이 좋다.

2) 냄새와 맛으로 판단 와인의 우수함은 각 와인의 향에 달렸다. 그러지 않으면 좋은 와인이라 하기 어렵고, 특히 나무판자 썩는 냄새, 식초 냄새, 알데하이드 및 아세톤 냄새 혹은 기타 불쾌하게 느껴지는 냄새가 나면 당연히 마시지 말아야 한다. 정상적인 와인의 맛이 아닌 것은 부적절한 것이다.

식탁에서의 예의

식탁에 앉았을 때 오른편에 있는 물잔과 와인 잔이 본인 것이다.

와인을 손님 잔에 따르기 전에 주인이 먼저 와인 시음을 한다. 이는 옛날에는 와인에 독약을 타지 않았다는 증거를 손님에게 보여주기 위한 의식이었지만, 현재는 와인이 변질되지 않았는지를 확인하는 절차이자 예의이다.

초대 받았을 때는 주인이(혹은 식당에서는 웨이터가) 와인을 따르는 동안에 잔을 탁자에 놓고 기다린다. 우리나라에서는 잔을 두 손으로 받쳐 들어야 예의지만 서양에서는 그렇게 하지 않는다.

와인 잔을 잡을 때에는 잔 손잡이stem를 잡는 것이 편하다. 잔의 상부 불룩한 부분을 잡으면 손 온도에 의하여 와인 온도가 높아질 수가 있다.

와인을 마신다는 것은 와인의 향과 맛을 음미하면서 음식과 분위기를 즐긴다는 뜻이다. 취하기 위하여 마시는 소주, 배불리 마시는 맥주와는 성격이 다르다. 따라서 한 번에 쭉 들이키는 소주 식으로 마셔서는 안 되고, 벌컥 벌컥 맥주 식으로 마셔도 격에 맞지 않는다. 와인은 대화 도중에 혹은 음식을 삼킨 다음 생기는 약간의 빈 시간에 한 모금씩 마시며 향과 맛을 즐기면서, 다른 한편으로는 입 안을 청소하여 다음 요리의 맛을 감상할 준비를 한다.

주인일 경우는 손님에게 더 마시겠느냐고 물은 후 첨잔하는 것이 좋다. 와인을 따를 때에는 병이 상대방의 잔과 부딪히지 않게 한다. 그리고 와인 잔의 1/3 정도만 채워 향이 머물 공간을 남긴다.

가능한 한 유머가 섞인 재미있는 대화를 많이 하여 유쾌한 분위기를 만드는 노력이 필요하다. 처음 보는 사람이 동석하였으면 자기를 소개하고 대화를 유도하는 것도 교양인의 태도이다. 와인을 앞에 놓고 묵묵히 식사에만 열중하는 것은 바람직한 태도라 할 수 없다. 와인을 마시기 약 한 시간 전에 병뚜껑을 열어놓아 병 속에 축적되어 있던 가스를 방출시키고, 신선한 공기를 들어가게 해 적당히 산화시키면 향이 좋아진다. 이러한 의미에서 포도주가 숨을 쉰다고 표현한다 (wine breath).

4. 가정에서 와인 대접하기

와인이 보편화되면서 와인을 구입하여 가정에서 즐기고 또한 가까운 사람들을 초대하여 함께 와인을 들기도 하는 와인 애호가가 많아지고 있다. 이제 식당에서 따라주는 와인을 마시는 것이 아니라 본인이 스스로 호스트가 되어 와인을 내는 것에 대하여 생각해 보도록 하자.

와인을 마시기 위한 소품들

와인을 내기 위해서는 기본적인 도구가 필요하다. 우선 병마개를 열 수 있는 오프너opener와 와인 잔이 가장 기본이며 여기에 디캔터와 와인을 차게 할 수 있는 용기가 있으면 금상첨화이다.

오프너Opener

호일 커터foil cutter

대부분의 와인 병은 코르크 마개로 막아져 있고 그 위에 플라스틱 캡슐로 덮여 있다. 캡슐을 씌워 제품의 완전성을 나타내고 장식효과를 얻는다. 와인 병을 열고자 할 때 가장 먼저 만나는 장애물이 캡슐이다. 캡슐은 칼이나 날카로운 도구로 벗길 수 있으나 다소 위험하기 때문에 호일 커터를 사용하면 편리하다. 호일

커터를 캡슐 위에 올려놓고 약간 힘을 주어 돌리면 캡슐 윗부분이 잘려나가 코르크 스크루를 사용할 수 있게 한다.

코르크 스크루corkscrew

코르크 마개는 도구 없이 뽑기가 쉽지 않다. 이 문제를 해결해주는 도구가 코르크 스크루다. 가장 간단한 모양의 T-자형 코르크 스크루, 양 날개가 있는 버터플라이butterfly 코르크 스크루, 스크루 풀screw-pull 그리고 웨이터 코르크 스크루waiter's corkscrew가 있다.

와인 잔Glasses

와인을 마시는 데 잔의 모양과 질이 중요한가 하는 질문을 받을 때가 있다. 아무 유리잔에나 마시면 되지 않는가 하지만 와인 잔은 단지 멋 때문이 아니라 맛 때문에 와인의 종류에 따라 고유한 형태를 가지고 있다.

와인 잔은 기본적으로 튤립 모양이나 달걀 모양의 몸통(body or bowl)에 가늘고 긴

다리stem가 밑에 자리한 받침대bottom 위에 안정적으로 이어진 형태이다. 입술이 닿는 와인 잔의 맨 위 가장자리를 림rim이라 하는데 와인 잔은 밑에서 둥글고 널찍하던 몸통이 림을 향해 점점 오므라져서 좁아져야 한다. 이는 와인을 마시기 전에 흔들 때 와인이 밖으로 넘치지 않게 하고, 잔 안의 향이 날아가는 것을 방지하여 와인의 깊은 맛을 음미할 수 있게 한다. 와인 잔은 모양과 종류가 다양하여 선택에 어려움이 있지만 기본적으로 얇고, 크고, 단순해야 한다는 것이 와인 잔이 갖추어야 할 3대 요건이다.

얇은 잔thin

두꺼운 잔이 문제가 된다고 할 수는 없지만 잔이 얇을수록 마시는 사람의 입술과 혀가 와인의 맛에 민감할 수 있다. 잔 입구가 두꺼우면 와인이 입에 먼저 들어오는 것이 아니라 입술이 두꺼운 잔을 만나게 되어 마치 머그잔에 와인을 마시는 느낌이 들게 한다.

큰 잔big

잔이 커야 와인의 맛과 향을 제대로 즐길 수 있다. 와인을 마시기 전에 보통 한번 흔들어 와인의 색과 투명도 등을 보고 은은한 향을 맡게 되는데 잔이 작으면 흔들 때 와인을 쏟기 쉽다. 또한 잔이 커야 퍼지는 와인 향을 충분히 담아 제 맛을 음미할 수 있다. 보통 6온스(300ml) 잔을 쓰는데 와인 맛을 충분히 음미하기 위해서는 적어도 12온스(600ml) 이상 되는 잔을 추천한다.

단순한 잔simple

와인 잔은 불필요한 커팅이나 색깔이 없는 단순한 형태가 바람직하다. 잔 표면에 그려진 그림이나 커팅, 색깔은 겉보기에는 좋으나 와인을 확실하게 볼 수 없게 한다. 따라서 와인 잔은 투명하고 깨끗하고 단순한 잔이어야 한다. 와인 마니

아들은 와인 잔의 형태에도 민감하여 보르도 와인을 위한 잔, 버건디(부르고뉴) 와인 잔을 구분하여 쓰기도 하지만 이는 멋과 함께 맛을 최대한 즐기려는 데 목적이 있다. 다목적 와인 잔 하나면 충분하다고 생각하는 사람들이 있지만 그래도 샴페인 등의 발포성 와인을 마실 때는 가늘고 긴 잔을 써야 맛을 보는 동안 예쁜 기포방울이 방울방울 올라오는 것을 오래도록 즐길 수 있다. 와인잔의 다리stem가 가늘고 긴 것은 모양을 좋게 하려는 이유 때문이 아니다. 와인은 비교적 차게 마셔야 하는데 잔의 다리가 짧으면 손의 열이 잔을 통하여 와인에 전해지게 된다. 이를 방지하기 위하여 길게 한 것이다. 반면 코냑이나 아르마냑과 같은 브랜디용 잔은 다리를 짧게 하여 잔을 감싸 쥔 손을 통해 잔 안의 브랜디가 더워지면서 잔에 향이 가득 퍼지도록 만들었다.

디캔터decanter

와인을 잔에 받아 마실 때 시간을 두고 대화를 하며 천천히 마시다 보면 와인의 향과 맛이 처음 바로 잔에 부어졌을 때의 것과 다른 것을 느낄 수 있다. 맛이 훨씬 부드러워지고 향이 더 풍부해진다. 이는 와인이 공기와의 접촉에서 생긴 변화라고 한다. 이 때문에 와인을 내기 얼마 전에 와인을 미리 따라 놓아(decanting : 용액의 윗물을 가만히 따르기) 와인이 공기와 접할 수 있도록 하는 작업을 한다. 디캔팅을 하는 이유는 와인이 공기와 접하도록 하는 환기aeration의 목적과 숙성 과정 중에 생긴 침전물sediment을 제거하려는 목적이다.

디캔팅을 할 때 와인을 따라 붓는 용기를 디캔터decanter라 한다. 디캔터는 와인이 공기와 접촉할 수 있는 면적이 넓게 밑이 넓고 둥글게 되어 있으며 목은 좁아서 와인 향을 잘 잡아준다. 이 과정은 필수적인 과정도 아니고 값도 비싸기 때문에 디캔터는 준비하라고 권하지는 않는다.

옆으로 눕혀 보관하였던 와인은 사용하기 하루 이틀 전에 바로 세워 침전물을 가라앉히고 따를 때도 흔들지 말고 조심하여 따른다.

포도주 냉각 통Wine Chiller

와인에 따라 차게 내는 것이 향과 맛을 좋게 한다. 차게 하지 않은 맥주가 맛이 없듯 화이트 와인, 로제 와인, 발포성 와인은 차게 해서 내야 제 맛이 난다. 보통 와인저장고wine cellar나 냉장고에 보관하였다 내지만 식사나 모임 시간이 길 때 는 와인 저장고를 사용하는 것이 좋다.

와인을 마시기에 적합한 온도까지 내려가게 하는 데는 적어도 20~30분의 시간 이 필요하다. 얼음만 넣는 것보다 얼음과 물이 함께 들어 있는 것이 더 효과적이 다. 아이스 버킷에 와인 병을 꽂아 놓고 2~3분에 한 번씩 병을 돌려줘 병 전체가 골고루 차가워지게 한다.

이밖에 와인을 따를 때 옆으로 흐르지 않도록 병 입구에 꽂는 도구와 병목으로 와인이 흐르지 않도록 병 목걸이를 하거나 손님이 여러명일 때 서로 잔이 바뀌 지 않도록 하는 와인 잔 목걸이를 해주면 모두들 재미있어 한다. 이렇듯 와인에 관련된 재미있는 소품도 많다. 우리나라에는 와인 인구가 많지 않기 때문에 이 러한 소품을 국내에서 구하기는 어렵지만 해외여행 시 와인점이나 그 소품집을 들러보는 것도 큰 재미이다.

와인을 얼마나 따라야 하는가?

일반적으로 와인은 잔의 반이 조금 못 되게 따르고 상대방이 다 마셔서 바닥이 보이기 전에 더 따라 주는 것(첨잔)이 예의이다. 그러나 시음이 목적인 경우는 잔의 1/4까지 따라 흔들 때 넘치지 않고 나머지 공간에 와인 향이 차도록 여백을 주는 것이 좋다. 샴페인의 경우는 가는 잔의 윗부분에까지 채우는 것이 상례이다

와인 대접은 와인에서 와인으로 끝난다.

술을 오랫동안 즐겼던 사람이 와인 문화로 들어오고자 할 때, 가끔 격에 맞지 않게 와인을 대접하는 경우가 있다. 즉 식사에 초대하여 우선 시원하게 맥주로 입가심을 하고 와인과 함께 식사를 한 후에, 아직도 술기운이 돌지 않는다며 집에 보관하던 양주를 들고 나와 자랑스럽게 한 순배 돌리는데 이는 너무도 와인 문화와 거리가 먼 술 문화이다. 와인은 와인에서 시작하여 와인으로 끝나는 것이 품격 높은 대접이다.

옷에 와인을 쏟았다고?

와인을 마시다 보면 실수로 와인을 옷에 쏟을 수가 있는데 와인이 묻은 부분을 화이트 와인에 담갔다 빨면 빨간색이 싹 가신다고 한다.[17]
더 간단하고 확실한 방법은 'Wine Off' 라는 스프레이를 사용하는 것이다. 와인이 묻은 부분에 이 스프레이를 뿌리고 세탁하면 옷에 묻은 와인이 깨끗이 없어진다. 문제는 아직 국내에서는 이 스프레이를 구할 수 없다는 점이다.

달콤한 와인들의 이야기

식사에 친구들을 청하여 와인을 같이 하고자 할 때 손님들을 바로 식탁으로 데리고 가는 것은 재미없다. 식사 전에 약간의 담소와 함께 식욕을 돋우는 와인을 조금 마시고 식사가 끝난 후에도 자리를 옮겨 디저트 와인을 마시며 이야기꽃을

17) Domine, A. 2003. Wine. Barnes and Noble.127p

피운다면 정말 환상적인 분위기가 될 것이다. 이때 드는 것이 대부분 달콤한 와인이나 상큼한 맛이 좋은 발포성 와인이다. 달콤한 와인을 들며 달콤한 와인에 대한 이야기를 하는 것도 분위기에 어울린다.

단 와인의 역사 Sweet wines in History

단 와인의 역사는 매우 오래 되었다. 로마시대의 와인은 단 화이트 와인이었다는 것이 확실하다. 고대 와인 제조자는 포도를 포도원에서 건포도가 되도록 말리든지 혹은 거적 위에 펼쳐 놓아 햇빛에 건조시켜 당분과 향을 농축시킨 후 와인으로 만들었으므로, 달고, 알코올 농도가 높고 보존 기간이 긴 와인을 만들 수 있었다. 중세에는 베니스와 제노바에서 단 와인을 만들어, 북유럽에 수출하였고, 헝가리에서는 토카이 그리고 남아공에서는 콘스탄티아 등의 단 와인을 오래 전부터 만들어 유럽의 귀족 식탁에서 인기를 끌었다.

현재에 잘 알려진 단 와인에 얽힌 역사 이야기(아마도 듣기 좋게 꾸며낸?)를 소개한다.

늦 수확 와인 Late Harvest Wine

늦 수확 와인은 정상적인 포도 수확기보다 몇 주 늦게 수확된 포도로 제조된 와인이다. 포도 내에 당분이 높고, 포도 향도 풍부하므로 와인의 알코올 함량과 당도가 높고 와인에서 배어 나오는 향이 매우 복합적이면서 진하다.

이 와인의 제조 동기에 대한 이야기는 독일에서 시작된다. 1775년 포도를 수확하라는 공식적인 명령을 독일 요하네스버그 성에 전달하려던 전령이 도중에 강도를 만나 성에 며칠 늦게 도착했는데 이때는 이미 포도 수확기가 지나 포도송이가 시들어 건포도 모양으로 포도나무에 달려 있었다. 그래서 할 수 없이 그 포도를 수확하여 와인을 제조하였다. 그런데 다음 해에 마셔보니 놀랍게도 와인이 달고 향이 진해 품질이 매우 우수하였다. 이런 일이 있은 후부터 늦 수확 와인이 만들어졌다고 한다. 그러나 실제적으로는 오래 전부터 수확을 늦추는 방법으로 단 와인을 제조하였다.

귀부병 와인Noble Rot Wines

포도에 곰팡이병균[*Botrytis cinerea*]이 감염되었을 때, 햇볕이 강하고, 건조하면 곰팡이가 부패증상을 일으키지 못하고, 과일 표면에 기생하여 수분만 흡수한다. 결과적으로 포도의 당 및 향을 농축시키게 되는 것이다. 이 포도를 사용하여 와인을 만들면 단맛이 강하며, 알코올 농도가 높고 향이 풍부한 고급스러운 와인이 되는데 이를 귀부병 와인이라 한다. 만약에 햇살이 약하고 날씨가 습해진다면, 본 곰팡이가 급속히 번져서 포도를 심하게 부패시켜, 포도를 수확할 수 없게 되는데 이를 회색곰팡이병grey mold disease이라 한다.

이 와인 제조 역사에 대한 이야기는 프랑스에서 전하여 온다. 어느 날 와인공장 주인이 여행을 떠나면서 자기가 돌아올 때까지 포도를 수확하지 말라고 명령하고 떠났다. 그런데 그가 돌아왔을 때에는 포도에 곰팡이병이 만연하여 시들고 볼품이 없었으나 일단 수확하여 와인으로 발효시켰다. 그랬더니 놀랍게도 이 와인이 매우 달고, 알코올 농도가 높고 향이 풍부했다. 그 후로 공장주는 곰팡이가 도달하기 전에는 포도를 수확하지 말도록 지시하였다고 한다.

얼음 와인Ice Wines

포도를 가을에 수확하지 않으면 추운 겨울에 포도가 얼게 된다. 포도가 얼면 해 뜨기 전 매우 추운 새벽에 손으로 수확을 하여 착즙을 한다. 수분은 대부분 얼음 결정이 되어 찌꺼기(주로 씨와 껍질)와 같이 버려지고, 극히 소량의 농축된 즙액은 얼지 않고 추출된다. 일반 포도 내의 당도가 22%인데 반하여 언 포도에서 짜낸 즙액의 당도는 50% 이상이다. 이 농축액으로 와인을 만들면 당도가 높고, 알코올 농도가 높으면서 다양한 향을 가진 단 와인이 된다. 당도가 높음에도 불구하고 진한 단맛이 나지 않고 부드러운 단맛이 나는 이유는 적당한 신맛이 곁들여졌기 때문이다. 이와 같이 만든 전통적 얼음 와인은 수확량이 매우 적어 값이 대단히 비싸다. 최근에 시중의 저가 얼음 와인은 냉동고에서 얼린 포도의 착즙액을 발효하여 만든 것이다.

얼음 와인의 제조 역사를 보면 이렇다. 1794년 독일의 프랑코니아Franconia 지방의 와인 제조자가 얼어붙은 포도를 수확하였다. 그는 궁리 끝에 포도를 압착기에 넣고 착즙한 후 와인으로 발효시켰는데 여기에서 얻어진 와인이 매우 품질이 뛰어났다. 그리고 이후로 얼음 와인이 개발되었다.

포트 와인Port wines

포트 와인은 와인 발효 도중에 주정을 첨가하여 알코올 농도를 높여 효모를 사멸시켜서 발효를 중단시킨 후 만든다. 결과적으로 많은 당분이 발효되지 못하고 남게 되므로 잔당이 많고, 알코올 함량이 높은 단 와인이 된다. 포트 와인 대부분은 알코올 함량이 20% 내외이다. 포트 와인은 제조 방법에 따라 빈티지 포트Vintage Port, 레이트 보틀드 빈티지 포트Late-Bottled Vintage Port, 토니 포트Tawny Port, 루비 포트Ruby Port로 나눈다.

포트 와인의 역사는 17세기에 영국과 프랑스간의 무역전쟁으로 거슬러 올라간다. 그 당시 영국인은 프랑스 보르도 지방의 와인을 애용하여 왔다. 그러나 프랑스에서 창고 이용료와 세금을 많이 올려 와인 구입선을 다른 나라로 옮길 수밖에 없었다. 그래서 영국인들이 찾아낸 곳이 포르투갈이다.

| Vintage port : 가장 고급 포트이다. 동일 연도에 수확한 포도로 담근다. 가장 좋은 연도에 가장 우수품질의 인증을 받은 포도를 사용한다. 이런 기회는 매년 있는 것이 아니고 10년 중 3년 정도라고 보면 된다. 인증을 받지 못한 해는 다른 타입의 포트로 만든다. 이 와인은 약 2년간 참나무 통에서 숙성한 후 여과를 하지 않고 직접 병에 담아 약 20년 이상을 병 속에서 숙성한다. 색깔이 진하며, 침전물이 많기 때문에 마시기 전에 디캔팅을 요한다.

| Late-Bottled Vintage(LBV) : 동일 연도에 수확한 포도 중에서 가장 우수한 포도를 사용한다. 그러나 우수인정을 못 받은 연도의 포도이다. 참나무 통에서 숙성하는 기간이 5~6년이다. 숙성 후 여과를 한다. 따라서 마시기 전 디캔팅을 할 필요가 없다.

| Ruby Port : 단기 숙성 포트이며, 값이 저렴하다. 여러 품종을 혼합하여 발효하는데, 참나무 통에서 숙성하는 기간이 2~3년이며 숙성이 끝나면 병에 담는다. 단기간 숙성하였으므로 포도 향이 진하고 색은 자주색이다. 발효 마지막 단계에서 여과를 하므로 침전물이 거의 없다.

| Towny Port : 발효 방식은 루비 포트와 유사하나 참나무 통 속에서 오랜 기간(40년까지) 숙성한다. 입병 시 숙성 연도가 다른 것끼리 혼합한다. 병뚜껑을 열어도 몇 주일 간은 품질에 변함이 없다. 라벨에 '20years old', '30years old', 혹은 '40years old'라고 적혀 있는 것은 혼합된 각 와인 연도의 평균이다. '콜레이타 포트Colheita Port'는 단일 연도의 포트이다.

1678년 리버풀Liverpool의 한 와인 수입업자가 그의 아들을 포르투갈에 보내서 와인 구입처를 알아보게 하였고 마침내 그들이 도루 지방의 한 수도원을 구입처로 정하였다.

그곳에서는 와인 발효 도중(끝나기 이전)에 알코올을 첨가하여 발효를 정지시켜 높은 잔당량을 유지해 만드는 식의 단 와인의 양조법을 사용하고 있었다. 이렇게 만든 와인은 개발 근원지의 지역 이름을 따서 포르투갈의 도루 지역 항구 이름인 '포트'라고 부른다. 마치 '샴페인'이 프랑스의 지역 이름인 것과 같다.

셰리Sherry

'셰리' 하면 많은 사람들이 영국을 떠올리지만, 이것은 실제로 스페인에서 만들어졌다.

셰리의 제조법은 여러 단계를 거치는데 그 방법도 특이하다. 우선 정상적인 화이트 와인을 만든다. 이를 기초 와인base wine이라 하며, 제조 과정은 일반 화이트 와인과 동일하다. 이 기초 와인을 산화시킨 후, 알코올을 첨가하여 알코올 농도를 높인 다음, 당을 첨가하면서 당도를 조정하여 완제품을 만든다. 셰리는 산화 과정에 의하여 3종으로 분류된다. 산화 과정을 보면 이렇다. 기초 와인을 큰 통에 담아 놓았을 때 온도와 습도가 적당하면 호기성 효모가 표면에 자라기 시작한다. 효모는 독특한 향을 생산하며, 와인 표면에서 자라 와인을 어느 정도 산화시키다가 더 치밀하게 자라면서 표면을 완전히 덮어 오히려 과도한 산화를 막아준다. 이렇게 효모가 표면을 완전히 덮어 만들어진 것을 피노 셰리라 한다. 매우 드물게 효모가 표면을 부분적으로만 덮고 생장을 정지하기도 하는데 이렇게 만들어진 것을 팔로 코르타도Palo Cortado라 한다. 그리고 효모가 전혀 형성되지 않은채 만들어진 것을 올로로소oloroso라 한다. 당도에 따라 명칭이 달라진다

> Paul-Cream은 당도가 높은 fino
> Cream Sherry는 당도가 높은 oloroso
> Brown Sherry는 당도가 매우 높고 검은 oloroso

마데이라Madeira

마데이라는 포르트갈의 마데이라Madeira 섬에서 기원한 화이트 와인이다. 대부분의 와인은 열(고온)과 충격을 견디지 못하고, 일단 개봉하면 수일 내에 변질하

지만, 마데이라는 그렇지 않다.

마데이라는 북아프리카에 있는 포루트갈 영의 섬으로 남아메리카, 아프리카 및 아시아를 연결하는 대서양의 요충지에 위치하고 있다. 이곳에서 배들이 항해하기 위하여 와인을 실었는데, 무더운 여행 중에 와인이 변질하는 것이 문제였다. 이를 해결하기 위하여 주정을 섞어서 알코올 농도를 높였더니 목적지에 도착해 마신 와인의 맛이 여행 전보다 훨씬 뛰어났다. 더욱이 싣고 갔다가 되돌아온 와인의 맛이 더욱 더 좋다는 것을 알았다. 그 후로 배들이 와인의 품질을 향상시키기 위해 와인을 싣고 장기 여행을 하곤 했다. 그러다가 품질 향상의 주 원인이 장기 고온 처리라는 것을 밝힌 후로는 많은 비용을 들여 여행을 하는 대신 고온시설을 설치하여 품질을 높였다.

마데이라는 화이트 와인을 만든 후 최소한 3개월을 가온 저장실에서 숙성시키든지 햇빛에 노출시킨다. 이 가온 처리로 인해 당은 캐러멜화하여 호박색이 되며 와인은 산화된다. 이 과정을 'maderized'이라 한다.

포트와인, 셰리, 마데이라는 주정을 섞어 알코올 농도를 높인 것이므로 강화 와인fortified wine이다.

축하의 자리에는 샴페인을

발포성 와인의 대명사인 샴페인은 축하행사를 떠올리게 한다. 결혼, 졸업, 승진, 승리의 기쁨을 한껏 나타내는 말이 "샴페인을 터트리며…"이다. 축하하기 위해 샴페인을 터트려 마구 뿌려대는 행사가 점점 많아지고 있는데 이로 인해 저질 샴페인이 많이 생겨났다. 발포성 와인은 자연적으로 발효해야 하는데 시중에서 판매하고 있는 것은 자연 발효가 된 것이 아니다. 발포성 자체에만 중점을 두어

맛을 고려하지 않은 저질 샴페인이 많다.

샴페인이란 용어부터 확실히 할 필요가 있다. 우리가 일반적으로 부르고 있는 샴페인은 발포성 와인이라 부르는 것이 정확하다. 샴페인은 프랑스의 샹파뉴(Champagne, 영어 발음으로 샴페인)지방에서 만들어진 발포성 와인으로 병 속에서 후(2차) 발효를 시키는 샴페인 방식으로 양조해야 한다. 샹파뉴 지방에서 샴페인 허용 품종으로 양조하여도 병 속 후(2차) 발효가 없으면 샴페인이라는 표시를 할 수 없고, 샹파뉴 지역 이외에서 양조된 발포성 와인이 병 속에서 후 발효를 시켰다 하더라도 샴페인이라 쓸 수 없다. 뿐만 아니라 '샴페인' 이라는 브랜드명을 지키려는 프랑스는 상표 등록법에 의하여 와인 이외의 어느 상품에도 '샴페인' 을 사용하지 못하도록 조치하고 있다.

발포성 와인은 병 안의 와인에서 탄산가스가 생겨 병 안에서 압력이 축적되었다가 병마개를 따는 것과 동시에 공기 방울이 터져 나오는 것이 특징이다. 샴페인의 등장도 우연히 일어난 사건을 유용하게 활용한 결과이다.

샹파뉴 지방은 프랑스의 포도 재배 지역 중에서 가장 추운 곳이다. 가을부터 시작된 발효가 겨울이 되면 대부분 완료되기 때문에 겨울이면 입병을 하게 된다. 그러나 시설이 열악했던 시대(17세기)에는 낮은 온도에서 발효가 중지된 와인이 입병되면 발효가 완전히 끝나지 못하여 잔당이 남았다. 게다가 효모도 거르지 않았기 때문에 봄이 되어 온도가 다시 올라가면 병마개를 한 병에서 발효가 다시 시작되었다. 그러자 탄산가스가 병 속에 차면서 압력을 견디지 못한 병 속의 와인이 터져 나왔다. 실패한 것이었다. 애초에는 이것이 악마의 장난이라고 금기시되었는데 맛의 독특성을 알게 된 샹파뉴 지방 수도원 수사(修士)들이 샴페인으로 발전시켰다.

샹파뉴 지방 오트빌레에 있는 베네딕트 수도원 수사의 와인 제조 책임자 돔 페리뇽Dom Perignon은 와인 발효 시 와인 병에 탄산가스가 차서 터지는 현상에 유의하여 병을 터트리지 않고도 병 속에 탄산가스를 보존하는 방법을 궁리하였다. 오늘날 일반 와인 병에 사용하고 있는 형태의 코르크 마개로 그 실마리를 풀고 발효방법을 조절하여 샴페인을 만들었다. 그러나 샴페인이 상업적으로 자리를 차지하게 된 것은 19초에 크리쿠오Cliquot라는 여성의 힘 때문이다. 일찍이 미망인이 된 그녀는 남편의 샴페인 회사를 상속받아 운영하면서 침전물 제거 시 가스 분출로 인해 와인이 많이 손실되는 최대의 문제점을 나무로 만든 선반pupitre에 구멍을 뚫어 병을 거꾸로 비스듬히 꽂아 병 주둥이에 침전물이 서서히 고이게 하는 방법을 고안해 해결하였다. 그녀의 업적을 기리기 위해 회사의 명칭도 그녀의 원명이 들어간 '뵈브 크리쿠오 퐁사르당Veuve Clicqout Ponsardin'이라 개명하였고, 그 회사의 최고 샴페인의 상품명도 그녀의 업적을 기려 위대한 여성이라는 의미를 담은 '라 그랑 담La Grand Dame'으로 정했다.

샴페인 발전에 큰 기여를 한 또 한 명의 여성은 포므리Pommery이다. 1858년 39세에 미망인이 되었던 그녀는 샴페인 수출을 위해 영국을 여행하던 중 영국 상류사회 사람은 달지 않은 맛을 좋아한다는 사실을 확인하고 드라이한 브뤼 샴페인을 만들어 큰 성공을 거두었다.

샴페인에서 가장 중요한 요소는 거품이 생성되는 것이다. 거품이 생성될 수 있는 것은 병 속에서 2차 발효가 진행되어 탄산가스가 축적되기 때문이다. 샹파뉴 지방에서 재배되는 3가지 포도 품종이 샴페인 제조에 쓰인다.

이들은 검은 포도인 피노 누아와 피노 뫼니아Pinot Meunier, 그리고 청포도인 샤르도네이다. 일반적으로 이 3품종을 섞어서 만든다. 그러나 양조자에 따라서는

품종을 섞지 않고 단일 품종으로만 샴페인을 만들기도 하는데 청포도 샤르도네만을 사용한 샴페인은 '블랑 드 블랑Blanc de Blancs'이라고 한다. 즉 화이트로부터 만든 화이트를 뜻한다. 또 피노 누아로만 만든 샴페인은 '블랑 드 누아Blanc de Noirs'이다.

샴페인은 모든 음식에 잘 어울리며 그 맛이 상큼하여 분위기를 고양시키는 효과가 있다. 특히 길다란 샴페인 잔에 아름답게 피어오르는 기포는 샴페인의 질을 말해주기도 한다. 샴페인은 기포의 크기가 작고 거품이 올라오는 것이 오랫동안 지속되고 투명하고 반짝 반짝 빛나는 느낌이 드는 것이 좋은 상품이다. 샴페인은 크게 빈티지 샴페인과 논 빈티지(Non-Vintige, NV) 샴페인으로 구분한다. 빈티지가 좋은 연도를 기념하여 빈티지 와인을 만들고 그렇지 않은 해의 포도로 논 빈티지 샴페인을 만든다. 물론 빈티지 샴페인의 품질이 뛰어난 것이 사실이지만 논 빈티지 샴페인도 품질 관리를 잘 하고 있기 때문에 맛과 향이 좋은 상품이 출시되고 있다.

전술한 바와 같이 샴페인은 샹파뉴 지방에서 만드는 샴페인만이 샴페인이라는 표시를 할 수 있고 같은 보르도 지역 산 발포성 와인도 샴페인이라는 단어를 쓸 수 없기 때문에 이를 '크레망Crémant'이라 하고 알자스의 것은 '크레망 드 알사스Crémant de Alsace'라 한다. 이탈리아 것은 '스푸만테Spumante', 독일은 '젝트Sekt', 스페인은 '카바Cava'라고 부른다.

샴페인의 종류는 다양하다. 상황에 따라 샴페인의 종류를 선택하게 되지만 우리나라에서는 아직 샴페인 문화가 정착되지 않았기 때문에 어느 때 어떤 샴페인을 선택할지 아직 잘 모르지만 처음 샴페인을 접할 때는 니콜라 페이얏트의 드미섹을 권하고 있다.[18]

18) 조정용, 2006, 올댓와인. 해냄. p305-312

샴페인은 차게 해서 마셔야 맛이 있고 청량감이 높으며, 구입한 와인은 빠른 시일 내에 마시는 것이 좋다. 만약 와인셀러나 지하실이 있다면 오랫동안(3~4년) 동안 저장할 수 있으나 특별한 시설이 없으면 집안에서 빛이 비치지 않고 서늘한 장소에 두었다가 3~4개월 안에 다 소비하도록 한다.

샴페인도 단 것에서 드라이한 것까지 있다

일반적으로 샴페인의 맛은 다 달다고 생각하는데 샴페인도 일반 와인과 같이 단 것에서 부터 드라이한 것까지 다양하다. 당도 조절은 발효 과정 끝인 병마개 막기 바로 직전에 조절하는데 그 수준은 아래와 같다(드라이한 것에서 스위트한 샴페인의 순).

| Extra Bruit(Bruit Sauvage, Ultra Bruit, Bruit Integral, Bruit Zero라고도 부른다)
  가장 드라이한 스타일이나 일반적이지는 않다.
| Bruit – 가장 인기가 좋은 스타일로 단맛과 드라이한 맛의 균형이 잘 맞는 샴페인으로 인정되고 있다.
| Extra Dry(또는 Extra Sec) – 드라이 혹은 미디움 드라이(medium-dry)
| Sec – 미디움 드라이 혹은 미디움 스위트
| Demi – Sec – 스위트
| Doux – 아주 단 것(very sweet)

5. 와인의 보관 및 저장

와인을 마시다 보면 보관이나 저장을 해야 할 때가 있는데, 일반인은 3가지 경우를 생각할 수 있다.

첫째가 단기간 품질 보존이다. 와인은 병마개를 열면 그 자리에서 모두 마시는 것이 좋다. 그러나 와인은 모두 마시지 못해, 남은 부분을 보관하고 싶을 때가 있다. 와인은 병마개를 열면 외부의 공기가 들어가 산화 작용이 증가되면서 와인의 신선한 천연향을 감소시킨다. 따라서 산화 작용을 최소화시켜 다음에 마실 때까지 하루 이틀 정도 천연향을 유지시키는 것이 바람직하다. 가장 쉬운 방법은 병마개를 다시 막은 후 냉장고에 보관하는 것이다. 코르크 마개는 병에서 빠지면 확장되어 다시 막기가 힘들다. 이때는 코르크를 깨끗하게 닦은 후 거꾸로 막는 것이 한 방법이 된다. 일단 병마개를 열면 병 속에는 많은 산소가 유입되기 때문에 냉장고에 보관하여도 산화작용은 진행된다. 이를 방지하기 위해 간단한 진공펌프가 달린 병마개를 사용하면 병 속의 공기를 뽑아내므로 산화를 막는 데 매우 효과적이다. 그러나 와인 속에 녹아 있는 공기까지 뽑아내어 일부의 향을 잃어버릴 가능성도 있고, 가스를 많이 포함하는 샴페인에는 부적당하다. 냉장고는 보통 와인 보관에 적당하다. 다만 레드 와인은 마시기 전에 미리 꺼내어서 온도를 높여야 제 향기를 살릴 수 있다. 또 다른 방법은 처음부터 모두 마실 수 없다고 생각되면 빈 소주병과 같은 작은 병에 미리 따라 보관하는 것이다. 와인을 작은 병 입구까지 완전히 채워 공기가 차지할 여지를 최소화시키고, 나선상으로 된 병마개를 단단히 조여 꼭 닫아 공기가 못 들어가게 하면 거의 완벽하게 보관할 수 있다.

둘째는 당장은 마시지 않지만 며칠 혹은 수주 내에 마실 와인의 보관이다. 할인점 등에 가서 몇 병 정도를 사와서 마실 때까지 저장할 경우인데 가장 유의할 점은 온도이다. 생활하기 적당한 실내 온도는 와인 보관에는 너무 높고, 서늘하게 느껴지는 180℃가 적당하다. 고온에서 보관하면 노화가 촉진되어 와인의 신선함과 과일향이 감소된다. 나무 상자에 넣고 직사광선이 닿지 않는 서늘한 곳에 눕혀서 보관하는 것이 바람직하다. 최근에 시판되는 와인 보관용 냉장고가 좋기는 하지만 고가이므로 일반화되기는 힘들다.

셋째는 와인을 숙성을 목표로 수년간 장기 보관하는 경우다. 즉 와인 생산에 각별히 기후가 좋았던 해에 와인을 공장에서 다량으로 구입하여 몇 년간 저장하면 품질이 우수한 와인으로 전환되리라 기대하고 저장하는 것이다. 이 경우에는 지하실이 온도와 습도를 조절할 수 있는 구조로 되어 있어야 한다. 또한 와인도 장기 보관이 가능한 것이어야 한다. 시판되고 있는 와인은 곧 마시도록 제조되었으므로 장기 저장 효과를 기대하기는 어렵다.

와인을 구입할 때 판매자의 와인 보관 상태도 매우 중요하다. 매장 진열장에 세워 있던 것은 고온과 직사광선에 노출되었고, 코르크가 건조되었을 것이므로 피하는 것이 좋다. 장기 보관을 잘 하려면 다음 사항을 따르는 것이 좋다.

일반 냉장고는 피한다

일반 냉장고의 온도는 와인 보관 적정 온도보다 낮다. 약한 진동이 늘 있고, 음식 냄새가 있어 문제가 된다.

상자에 넣어 온도 변화가 적은 곳에 보관한다

온도 변화가 적은 종이, 나무 또는 스티로폼 상자 등에 옆으로 뉘어 보관한다. 철재, 알루미늄 상자는 온도에 민감하므로 금물이다. 식사 테이블이 가까운 부엌이나 식당은 식사 준비 등으로 늘 온도가 높은 편이어서 와인 보관 장소로는 적합하지 않다. 햇볕이 들지 않고 서늘한 곳에 보관한다.

와인 보관 전용 냉장고나 와인셀러를 생각한다

지하에 와인셀러를 만들 수 있는 가정집은 가장 이상적으로 와인셀러를 만들 수 있지만[19] 이것이 허락되지 않는 아파트에서는 가정용 와인셀러(냉장고)를 구입한다.

---

19) Gold, R.M. 1996. How and Why to build a Wine Cellar. Sandhill Publishing

와인셀러

와인여는 순서

VI. 와인과 건강

와인과 건강을 말할 때는 '프렌치 패러독스French Paradox', 'J자형 사망률' 등의 이야기가 등장한다. 왜 그럴까? 지금부터 이와 같은 표현이 나오게 된 배경을 조금 더 깊이 살펴보고자 한다.

수천 년 전부터 와인은 건강에 좋은 것으로 알려져 왔다. B.C. 2100년의 기록(clay tablet)에서 와인이 약으로 사용되었다는 것을 볼 수 있다.

B.C. 450년에 히포크라테스는 해열, 상처 소독, 영양 보충 등을 위해 와인 음용을 권장하였다. 루이14세 주치의는 건강을 위하여 버건디Burgundy를 규칙적으로 마실 것을 왕에게 권유하였다. 19세기에는 유럽의 와인 상용자(wine drinkers)들은 콜레라를 피할 수 있었는데 이는 와인(알코올)이 콜레라균을 죽였기 때문이라 믿고 있다.

지금도 와인이 건강에 좋은 영향을 미친다는 보고가 나오고 있고 또한 지금도 와인에 대한 연구는 계속되고 있다.

프렌치 패러독스French Paradox

프렌치 패러독스란 1991년 미국 CBS 방송 보도가 있은 후 나온 말이다. CBS의 유명 교양프로그램인 "60 Minutes"에서 모리 셰이퍼Morley Safer가 프랑스의 기이한 현상을 보도하였는데 내용은 이렇다. 그는 역설적으로도 치즈, 버터, 달걀 등의 콜레스테롤 함량이 높은 음식을 먹는 프랑스인들이 건강식을 하는 미국인보다 심장병 사망률이 낮다고 보도하였는데 그 원인은 음식을 먹으면서 레드 와인을 곁들이는 식습관 때문일 것이라고 하였다. 이를 프렌치 패러독스라 하며 프렌치 패러독스가 방영된 지 4주 만에 미국의 와인 판매량이 40% 증가되었을 뿐 아니라 이후로 전 세계적으로 레드 와인의 수요가 증가하고 있다(2002년 FAO 보고에 의하면 프랑스인들이 하루에 108g의 동물성 지방을 섭취하는 데 비하여 미국인은 72g을 섭취하는데 35~74세 사이의 남성이 심장 혈관 질병으로 인하여 사망하는 비율을 보면 미국인이 만 명 중 230명인 반면 프랑스인은 만 명 중 83명에 지나지 않았다).

1. 와인이 건강에 유익한 점

와인이 건강에 좋은 것은 알코올 성분으로 인한 감정의 순화와 와인이 가지는 영양적 가치를 들 수 있지만 그 무엇보다 사망률에 미치는 영향 때문에 부각되고 있다.

사망률에 미치는 영향

'한잔'?

적당한 한잔이란 어느 정도를 말하는 것인가? USDA 기준에 의하면 한잔이란 100% 에틸알코올 17.5㎖(0.6온스)를 말한다. 이는 알코올 농도가 5%인 맥주는 약 350㎖(12온스), 12%인 와인은 약 145㎖(5온스)가 해당된다. 45%짜리 양주는 45㎖(1.5온스)가 이에 해당한다고 본다.

미국에 금주령이 내렸던 시기에도 성찬용과 의약용 와인의 양조는 허락되었다. 그 당시 의약용이라는 미명으로 금주법을 피해가며 양조를 하던 사람들이 있어 논란이 일기는 했지만 오늘날에는 연구를 통해 와인의 의학적 효능이 증명되고 있다. 알코올 소비와 사망률의 관계 연구 보고에 의하면 그 관계는 "U"자형 또는 "J"자형 그래프를 보인다고 한다(그림).

건강 면에서는 적당한 양의 알코올을 섭취하는 사람이 전혀 섭취하지 않는 사람에 비해 심장혈관 질환으로 사망할 확률이 30~50% 낮다고 보고 되고 있다. 이는 알코올이 고밀도지질단백(high density lipoproteins) 즉 좋은 콜레스테롤을 증가시켜 동맥 내의 지방질 축적을 감소시킴으로 심장마비 및 뇌졸중의 원인이 되는 동맥경화증을 방지한다는 것이다.[20]

미국 남성 1,823명을 12년간 조사한 보고서에[21] 의하면 65세 이상 그룹에서는

20) Margalit, Y. 2004. Concepts in Wine Chemistry. Wine Appreciation Guild. p358-359 353-354
21) Delabry, L. O. et al. 1992. Alcohol consumption and mortality in an American male population : recovering the U-shape curve-finding from the normative aging study. J. Studies on Alcohol 53:25

나이가 더 들수록 "U"자형 효과가 더욱 확연히 드러났다(그림).

이밖에도 와인은 당뇨와 치매 예방에도 효과가 좋다. 그리고 와인을 적당량 마시는 여성들에게는 골다공증이 발생할 확률을 낮다고 한다. 그 이유는 와인에 함유되어 있는 여러 가지 활성물질 때문인 것으로 알려져 있다.

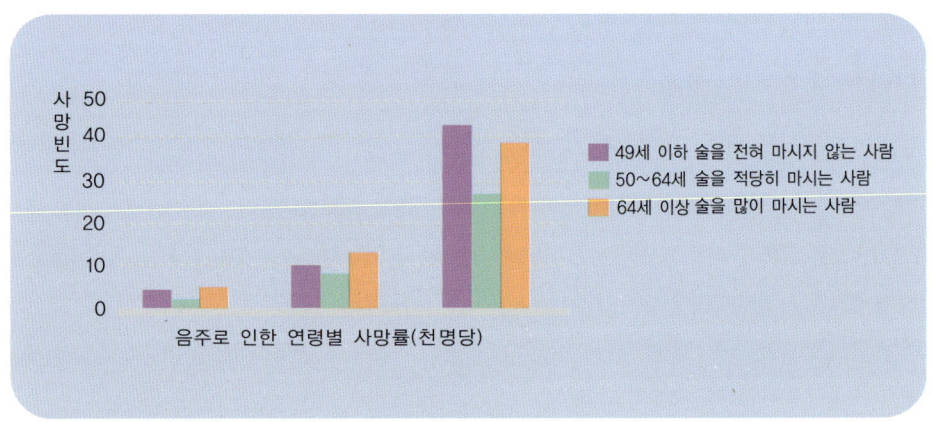

음주로 인한 연령별 사망률(천명당)

49세 이하 술을 전혀 마시지 않는 사람
50~64세 술을 적당히 마시는 사람
64세 이상 술을 많이 마시는 사람

주요 생리활성 물질

폴리페놀Polyphenol 레드 와인에는 폴리페놀polyphenols에 속하는 물질인 안토시아닌anthocyanin을 비롯한 플라보노이드flavonoid 함량이 높은데 이는 포도의 색깔, 맛과 질감을 결정하는 요소로 포도의 껍질과 씨에 주로 함유되어 있다. 플라

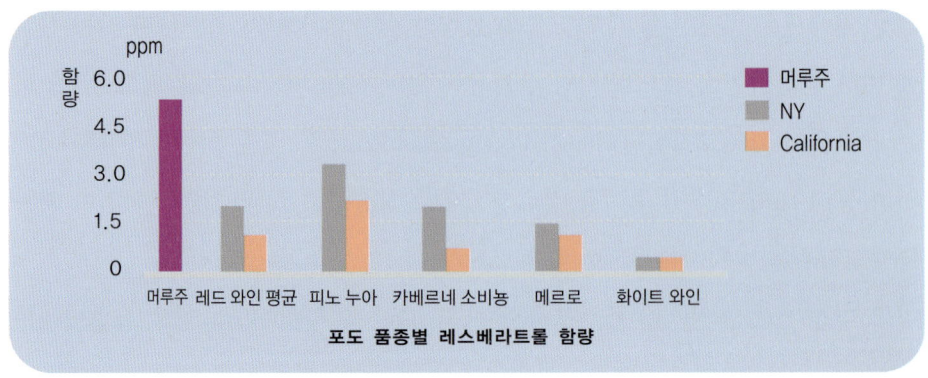

머루주 | 레드 와인 평균 | 피노 누아 | 카베르네 소비뇽 | 메르로 | 화이트 와인

머루주
NY
California

포도 품종별 레스베라트롤 함량

보노이드는 혈관 내에서 혈소판의 응집을 억제하며, 강한 항산화력으로 나쁜 콜레스테롤인 저밀도지질단백의 산화를 막아주어 동맥경화증을 막아준다. 또한 폴리페놀은 엔도텔린endothelin이라는 혈관 수축 호르몬의 분비를 억제하고 피의 흐름을 원활히 하여 동맥경화를 막아준다. 동맥경화증이 심장혈관에서 일어나면 심장마비가 되고, 뇌에서 일어나면 뇌졸중이 된다. 레드 와인에 함유된 레스베라트롤resveratrol은 유익한 고밀도지질단백 양을 증가시키며, 케르세틴quercetin에는 항암효과가 있다는 것이 실증되었다.

레스베라트롤resveratrol 프렌치 패러독스 현상을 보이는 원인이 와인 속에 함유된 레스페라트롤 때문이라고 한다. 라스페라트롤은 와인 이외의 다양한 과일에서도 발견된다. 포도 품종에 따라 레스베라트롤의 함량이 다른데 머루에 특히 그 함량이 높다(그림). 이 물질은 우리나라의 호장근(Polygonium cuspidatum)이라는 숙근초에 특히 많으며 외국에서 레스베라트롤 정제로 나오는 제품은 호장근에서 추출된 것이다.

항산화 물질Antioxidant 산화작용은 생명을 유지하는 데 필수적인 작용이다. 그러나 산화력이 매우 강한 활성 산소기(reactive oxygen radical)는 세포 내의 여러 분자와 결합하여, 심장질환, 암 및 치매 등 퇴행성노쇠 증상인 성인병의 원인이 된다. 활성 산소기는 superoxide radical(O^{2-}), hydroxyl free radical(OH)과 hydrogen peroxide(H_2O_2)이다.

항산화 물질은 이와 같은 활성산소기와 결합하여 세포 내의 분자를 보호하는 역할을 하여 성인병을 예방한다.

식품화학에서 환원작용을 하는 물체를 항산화물질이라 한다. 대표적인 항산화제 식품에는 비타민 C와 비타민 E 그리고 베타카로틴beta-carotene이 있다. 비타민 C는 수용성 항산화물이며, 비타민 E(tocopherol)와 베타카로틴(비타민 A 전구체)은 지용성 항산화물이다. 이들은 주요 기관 내의 세포에 피해를 주는 산화작용을 억제한다. 그런데 와인에는 상당량의 항산화제가 포함되어 있다. 와인에서 항산화 작용을 하는 물질로는 폴리페놀을 꼽고 있는데 이것은 레드 와인에 특히 많이 포함되어 있다.

본인 연구에 의하면 포도에 들어 있는 총 폴리페놀 양은 698.2ppm, 항상화력은 32.19%였으나 포도를 발효시켜 만든 와인에는 총 폴리페놀 양이 1,200ppm, 항산화력은 78.67%였다. 이는 폴리페놀이 발효과정에서 서서히 용출되었기 때문이라고 생각된다. 따라서 포도를 그냥 먹기보다는 발효시켜 와인을 만들어 마시는 것이 몸에 더 좋다고 말할 수 있겠다. 총 폴리페놀 양과 항산화력은 높은 상관

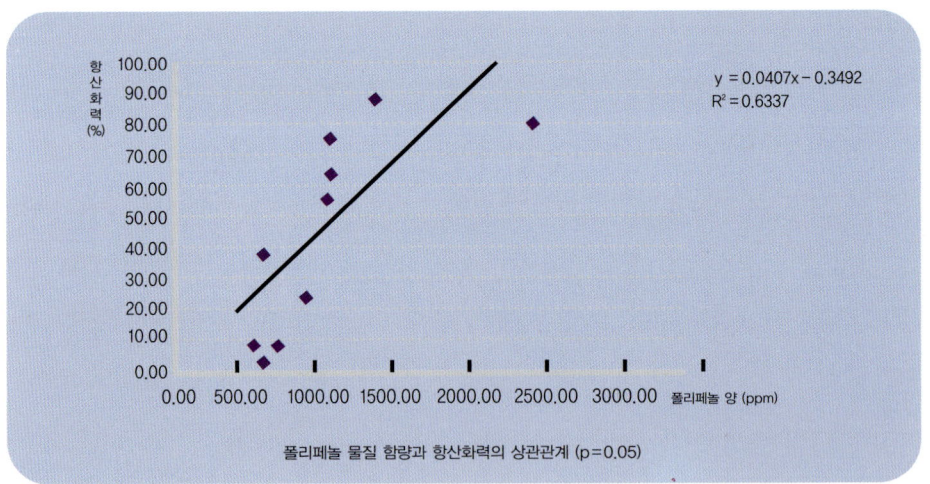

폴리페놀 물질 함량과 항산화력의 상관관계 (p=0.05)

관계가 있었다(그림). 따라서 폴리페놀이 항산화력에 영향을 주는 것으로 판단된다. 적당량의 와인이 건강에 유익한 것은 폴리페놀이 많이 들어 있고, 항산화력이 높기 때문이다.

과일과 과실주의 총 폴리페놀 함량과 항산화력			
재 료		총 페놀 성분 (ppm)	항산화력(%)
항 목	학 명		
과일			
사과	*Malus pumila*	522.43	10.59
배	*Pyrus pyrifolia*	579.40	5.62
복숭아	*Prunus persica*	627.88	10.41
포도	*Vitis labrusca*	698.20	32.19
키위	*Actinidia arguta*	852.12	19.63
오렌지	*Citrus sinensis*	1016.96	66.08
딸기	*Fragaria x ananassa*	1041.20	51.07
감귤	*Citrus unshiu*	1044.84	57.18
복분자	*Rubus coreanus*	1359.09	78.95
머루	*Vitis coignetiae*	2453.32	79.62
와인	품종 : Campbell's Early	1200.00	78.67

레드 와인을 섭취함으로 얻어지는 건강에 유익한 여러 가지 현상이 화이트 와인에서는 보고되지 않는 것은, 와인 제조 과정에서 화이트 와인은 껍질과 씨를 제거한 포도만을 발효시켜 만들지만, 레드 와인은 껍질과 씨를 섞어서 발효시키므로 폴리페놀 및 여러 종류의 생리활성물질이 용해되어 와인에 들어 있기 때문이다. 폴리페놀은 채소와 과일에도 포함되어 있지만, 본인의 실험실에서 분석결과 레드 와인에 가장 많이 포함되어 있었고, 국산 와인도 외국 와인 못지않게 높은 수준이었다.

심장병과 관계된 요소, 지방과 콜레스테롤Fat and Cholesterol

지방질은 1g당 9kcal의 열량을 내어, 당분이나 단백질이 1g당 4kcal의 열량을 생산하는 것에 비하면 매우 고열량 식품이다. 일부 지방질은 우리가 활동하는 데 필요한 에너지로 이용하기도 하지만, 다른 한편으로는 세포의 원형질막과 같은 중요한 부분을 구성하고 있다. 지방질은 주로 지방질 저장 기관에 축적되지만 많은 지방질이 심장, 콩팥, 지라 등 매우 중요한 기관에 저장되어 있어 쿠션 역할을 하여 충격 및 상해로부터 이들 기관을 보호하고, 또한 피부 밑에 축적되어 온도의 변화에 보온 역할도 한다. 콜레스테롤도 지방질과 마찬가지로 우리 몸에서 중요한 역할을 한다.

지방질과 콜레스테롤은 저장장소에서 이들을 필요로 하는 기관으로 이동한다. 그러나 지방질과 콜레스테롤은 물에 녹지 않으므로 특정한 수용성 단백질과 결합을 하여야만 혈액에 녹아 혈관으로 혈액과 같이 이동할 수 있다. 이와 같이 지질(혹은 콜레스테롤)과 단백질이 결합한 것을 지질단백질(lipoprotein)이라 한다. 지질단백질은 밀도에 따라 3종으로 분류된다.

초저밀도 지질단백질(very low density lipoproteins, VLDLs)은 단백질이 약 5% 정도 포함되어 있고, 주로 지방질을 운반한다.

저밀도 지질단백질(low density lipoproteins, LDLs)은 단백질이 약 25% 포함하고 있으며, 주로 콜레스테롤을 필요로 하는 세포로 운반하는데, 이 저밀도 지질단백질이 동맥에 콜레스테롤을 축적시켜, 동맥경화증을 일으키게 한다. 저밀도 지질 단백질을 나쁜 콜코레스테롤이라고도 한다.

고밀도 지질단백질(high density lipoproteins, HDLs)은 단백질을 약 50% 함유하고 있는데 주로 콜레스테롤을 간으로 운반하며, 간에서는 여러 과정을 거쳐 체외로 분비시킨다.

HDL은 좋은 콜레스테롤이라고 하며 이것은 운동을 하면 점차 증가된다. 또한 적당량의 와인을 마시면 LDL은 감소하며, HDL은 증가한다. 따라서 레드 와인은 동맥경화를 막아주는 역할을 하게 된다.

2. 와인의 유해성

알코올은 중추신경 진정제(depressant of the central nervous system)로 분류된다. 따라서 스트레스 해소 혹은 기분전환 등 생활에 활력소로 작용도 하지만, 다른 면에서는 언어, 시각, 균형, 판단을 담당하는 뇌의 중심부의 작용을 억제한다. 따라서 지나치게 많이 마시면 호흡에 관련된 뇌의 작용을 억제하여 사망하게 된다.

좋은 약과 독약은 섭취 정도에 따라 결정된다. 아무리 좋은 약도 과다 복용하면 치명적인 독약이 된다. 와인도 예외가 아니어서 조금 마시면 약이 되지만 많이 마시면 독이 된다.

술의 피해는 어떤 종류의 술을 마셨느냐가 아니라 얼마나 많이 마셨느냐가 중요하다. 와인을 비롯한 술에 의한 가장 큰 피해는 알코올 중독이다.

알코올 중독

알코올 중독자는 술로 인하여 문제를 일으키면서도 계속 술을 마시는 사람이다. 아무리 술을 많이 마시더라도 문제가 없다면 알코올 중독자라고 하지 않는다. 일반적으로 과음하는 사람이 문제를 일으킨다. 지난 20년간 통계에서 미국인의 성인 70%가 음주를 하며, 약 12%(남자 20%, 여자 8%)가 거의 매일 음주하며 한 달에 몇 번씩 술에 취할 정도로 과음한다. 이 중에 약 9%는 음주로 문제를 일으킨다. 1990년대의 통계에서는 영국 성인의 10%가 과음자이다. 3%가 실수를 범한 적이 있고, 0.5%가 문제의 음주자이다. 2,000명 중 한 명은 정신과 치료를 받고 있다. 문제를 일으키는 음주자 대부분은 남성이었다. 최근에는 여성 음주자가 증가 추세에 있다. 즉 간질병으로 죽는 여성이 9% 증가한 반면에 남성은 1% 감소하고 있다. 또한 알코올 상담 서비스를 원하는 여성의 숫자가 급증하며 특히 18~24세 사이의 과음 여성의 빈도가 가장 많다.[22]

알코올 중독의 증상은 심리적 문제, 의학적 문제 및 사회적 문제로 3가지로 분류할 수 있다.

심리적인 문제는 알코올만을 생각하는 증상인 알코올에의 전념, 자기기만, 죄책감, 기억상실, 불안감과 우울증의 유발 등이다. 의학적으로는 위, 간, 뇌의 손상, 성교불능 등이 문제가 된다. 사회적으로도 범죄, 정신과 질환, 산업장에서의 손실, 이혼율 및 사망률 증가 등의 문제가 생긴다.

레드 와인 증후군

레드 와인을 마신 후에 두통을 호소하는 사람들이 간혹 있다. 이러한 현상을 '레드 와인 증후군red wine syndrome' 이라고 하는데 증후군 자체가 있는 것인가 아닌가에 대한 의문도 있고 그 증후군의 원인에 대한 논박도 계속되고 있다.[23]

레드 와인을 마시면 두통, 코 막힘, 얼굴 붉어짐, 혈압 상승과 같은 알레르기 반응이 있다고 하는 사람들이 자발적으로 참여하여 와인별로 블라인드 테이스팅을 하여 레드 와인 증후군을 보이는지 실험을 하였는데 그 결과를 봐서는 딱히 그렇다고 결론지을 수 없다고 하였다.

화이트 와인을 마실 때는 알레르기 반응이 없는 데 반하여 레드 와인에서는 나타나므로 레드 와인에는 알려지지 않은 알레르기원이 있다고 한다. 이들이 히스타민histamin과 티라민tyramine을 움직여 알레르기 반응을 유발한다는 주장이 있지만 이 또한 실험적으로 증명하지 못하였다. 최근, 알레르기 반응을 일으킨다고 알려진 레드 와인을 마시기 한 시간 전에 아스피린을 복용하고 와인을 마시

22) Godwin, D.W. 2000. Alcoholism. Oxford University Press. 32p
23) Margalit, Y. 2004. Concepts in Wine Chemistry. Wine Appreciation Guild. pp358-359

면 그 증상을 보이지 않는다는 보고도 있지만 모두 충분한 연구가 되어 있는 것은 아니다.

아황산염sulfite의 위해

와인 내용 성분 중에는 두통을 유발할 만한 특별한 요소가 없기 때문에 양조 과정 중에 사용되었던 아황산염이 의심을 받고 있다. 그러나 일반적으로 레드 와인보다 화이트 와인의 아황산염 함량이 높기 때문에 레드 와인 증후군과는 별개로 다루어져야 한다.

아황산염은 포도 자체에도 함유되어 있지만 양조과정에서 세균 오염을 막고 산화를 방지하는 목적으로 사용한다. 아황산염은 휘발성이므로 발효가 완료되는 시점에서는 별로 문제가 되지 않는다. 와인에는 350ppm까지 허용되지만 대부분은 25~150ppm을 포함하고 있다. 다른 나라에서는 아황산염의 사용이 일반적이고, 와인 내 잔류량이 인체에 유해하지 않은 정도이기 때문에 특별한 표시가 없으나 미국에서는 그 양이 10ppm이 넘으면 라벨에 아황산염 유해 경고를 쓰게 되어 있다. 라벨에 "no sulfite wine"이라는 표시를 하기 위해서는 그 함량

음식에 포함된 아황산염(sulfite) 함량

음식에 미량으로 포함된 성분은 피피엠(ppm)으로 표시한다. 피피엠은 part per million(백만 분의 일)의 약자로 1ppm은 1리터의 용액 중에 1mg이 들어 있는 것을 말한다.

아황산염은 각종 식품에 포함되어 있다. 말린 과일, 잼, 과일 및 야채 통조림, 오렌지 쥬스, 베이컨, 국수류(말린), 병절임 식품, 제과류 등 다양한 식품에 들어 있다. 식품에 첨가되는 아황산염 허용량은 6,000ppm이다. 와인에 25~150ppm 함유된 것이 그렇게 큰 문제일까?

이 1ppm 이하이어야 한다. 이 와인은 쉽게 상하므로 오래 저장할 수 없을 뿐 아니라 병마개를 열면 바로 마셔야 한다.

일반적으로 레드 와인보다 화이트 와인에 들어 있는 아황산염 농도가 높은데 이는 양조 과정의 차이에서 오는 것이다. 즉 화이트 와인은 껍질과 과육을 제거한 포도액을 발효하지만 레드 와인은 껍질을 포함한 으깬 포도가 발효의 대상이라는 점이다. 과피에 함유된 타닌은 와인 맛에 영향을 미칠 뿐 아니라 자연 방부제의 역할을 하는 것으로 알려져 있다.

3. 여성과 알코올

전통적으로 여성은 술을 마시지 않았으므로 술에 관한 여성의 통계자료가 거의 없었다. 대부분의 술과 관련된 학술 보고는 남성을 위주로 연구 되어 왔다. 그러나 최근에 여성 음주자가 증가하면서 여성 음주 문제에 대한 연구가 활발히 진행되고 있다. 특히 여성은 생리적으로 남성보다 알코올에 민감하며 임신 기간 중 지나친 음주는 태아에 지대한 영향을 미친다.

여성이 술에 민감한 이유

동일한 양의 술을 마시더라도 여성이 남성보다 혈중 농도가 높은 원인에는 세 가지가 있다.

첫째, 여성은 체구가 작으므로 동일한 양의 술이라도 몸 전체로 확산하면 각 조직의 알코올 농도가 높다.

둘째, 여성은 체지방이 많다. 알코올은 지방에 녹지 않으므로 상대적으로 많은 양의 알코올이 혈액 혹은 물로 된 부분에 모여 혈중 알코올 농도가 높아진다.

셋째, 여성의 위에는 알코올을 분해하는 효소인 알코올 탈수소효소(alcohol dehydrogenase)가 없으므로 마신 알코올의 대부분이 작은창자로 이동하여 직접 혈액으로 흡수된다. 반면에 남성은 상기 효소가 위에 존재하므로 일단 위에서 분해되고 나머지가 작은창자로 가서 흡수되므로 혈중 알코올농도가 상대적으로 낮게 된다.

태아 및 신생아의 피해

임신 중 음주는 태아의 발육에 영향을 주어 태어난 아기가 여러 면에서 특징적인 증상을 보인다. 이를 태아 알코올 증후군(fetal alcohol syndrome, FAS)이라 한다. FAS는 특징적인 증상과 비 특징적인 증상이 있다.

| 특징적인 FAS는 주로 머리에 나타나는데 예는 아래와 같다.
    머리가 작고, 코가 짧다.
    윗입술이 얇고, 윗입술과 코 사이의 인중이 뚜렷하지 않다.
    눈이 작고, 뺨이 밋밋하다.

| 비 특징적인 FAS
    (1) 신생아의 체중 감소 및 생장 부진
    (2) 아기의 정신박약(mental retardation), 심장이상(heart murmurs), 모반(birthmarks)
    (3) 탈장(hernias), 비뇨기관 이상(urinary tract abnormalities)

술을 과음하는 여성의 30~50%가 낳는 아이가 위와 같은 증상의 하나 혹은 그 이상의 증상을 보인 반면, 술을 거의 마시지 않는 여성의 아기는 5% 내외만이 위와 같은 증상을 보인다.

여성은 생리적으로 알코올에 대하여 남성보다 민감할 뿐 아니라 여성의 알코올 중독 증상은 본인 이외에 태아에게도 영향을 미치게 되고 정신적으로도 가족에게 미치는 영향이 남성의 경우보다 지대하다. 따라서 출산과 양육의 책임을 대부분 맡게 되는 여성들이 알코올을 대할 때는 각별한 조심이 필요하다.

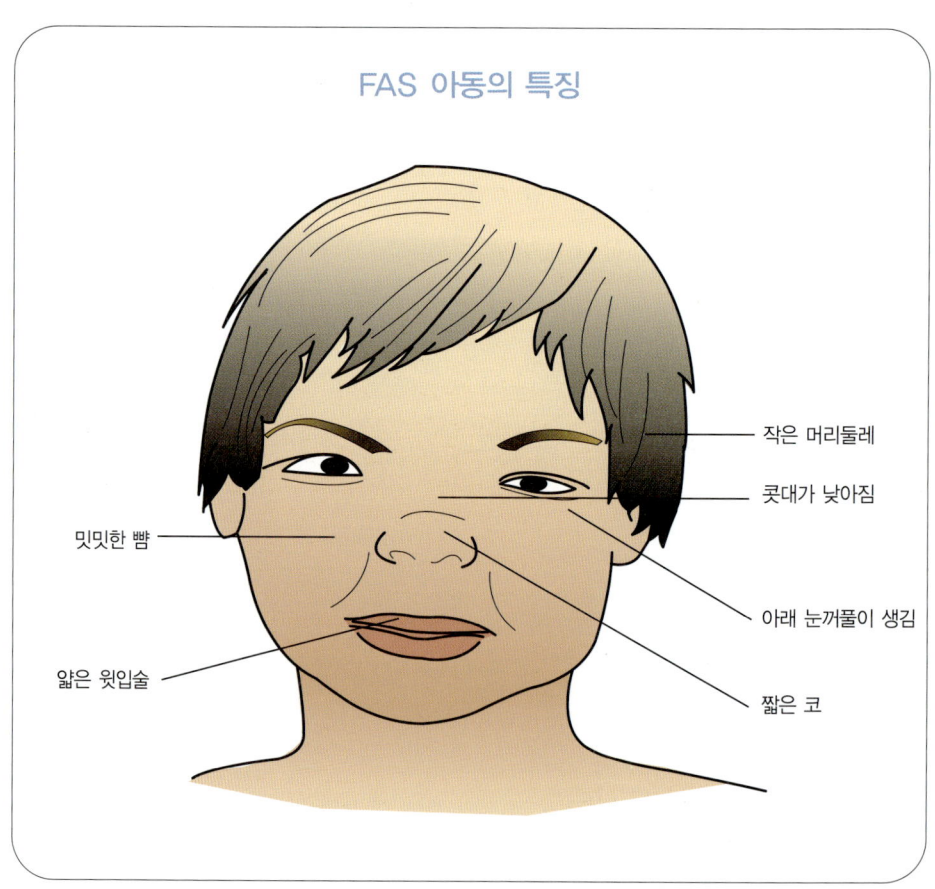

FAS 아동의 특징

작은 머리둘레

콧대가 낮아짐

밋밋한 뺨

아래 눈꺼풀이 생김

얇은 윗입술

짧은 코

VII. 발음 가이드

발음 가이드

여기에 있는 발음들은 "소리 나는 대로" 발음하는 시스템에 따른 것이다. 사용되는 곳에서 강조되는 음절들은 밑줄을 쳤다. 기본 소리들을 사용했다.

a는 can, ah는 father, ay는 play, ch는 chair, e는 get, eh는 laid, ee는 cheese, eu는 fur, g는 go, i는 hi, k는 cat, oh는 boat, oo는 look, ow는 cow, u는 us, y는 yes에서 나는 소리와 같다.

외국 소리들 h는 후음처럼 인후에서 나는 h;n은 발음되지 않는 "n"이지만 앞 음성은 "don"에서 "dong"으로 바뀔 때 나는 소리처럼 비음이 된다. 나라들 명기 단어가 어떤 나라와 명확히 관계를 맺고 있으면 그 나라들은 일일이 생략기호로 표시했다.

AU Austria, AUS Australia, CH Chile, FR France, GE Germany, GR Greece, HU Hungary, IT Italy, MA Madeira, PO Portugal, SA South Africa, SP Spain

A

abboccato a-boh-<u>caht</u>-oh (IT)
Abruzzi a-<u>broot</u>-zee (IT)
adega a-<u>deg</u>-a (PO)
agiorghitiko/agiorgitiko ayor-<u>yeet</u>-ee-koh (GR)
Aglianico del Vulture a-lee-<u>an</u>-eek-o del-vool-<u>too</u>-ray (IT)
albariño al-bah-<u>reen</u>-yo (SP)
Alentejo a-lehn-<u>tay</u>-djo (PO)
aligoté a-lee-go-tay (FR)
Aloxe-Corton al-oss-cort-o*n* (FR)
Alsace al-sass (FR)
Alto Adige al-toh <u>ah</u>-dee-djay (IT)
Amarone a-mar-<u>oh</u>-nay (IT)
amontillado a-mont-ee-<u>yah</u>-doh (SP)
Andalucía and-a-luth-<u>ee</u>-ya (SP)
Anjou o*n*-djoo (FR)
appellation contrôlée a-pell-a-syo*n* con-trol-ay (FR)
Ardèche ahr-desh (FR)
assyrtiko a-<u>seer</u>-tee-koh (GR)
Aszú ah-soo (HU)
Aude ode (FR)
Ausbruch owse-brook (AU)
Auslese ows-lay-zeu (GE)
Ausone oh-zone (FR)
Auxey-Duresses ock-zeh doo-ress (FR)

B

Baden bah-den (GE)
baga bah-ga (PO)
Bairrada bi-<u>rah</u>-da (PO)
Bandol bo*n*-dole (FR)
Banyuls bo*n*-yool (FR)
barbera bar-<u>beh</u>-ra
Bardolino bar-doh-lee-no (IT)
Barolo bah-<u>ro</u>-lo (IT)
Beaujolais-Villages bo-djaw-lay veel-adj (FR)
Beaumes-de-Venise bome de veu-nees (FR)
Beaune bone (FR)
Beerenauslese bee-rin-ows-lay-zeu (GE)
Bereich beu-rikh (GE)

Bergerac bair-djur-ak (FR)
Bernkasteler Doktor bairn-cass-teller doc-tohr (GE)
blanc de blancs blonk de blonk (FR)
blanc de noirs blonk de <u>nwah</u> (FR)
bodega bo-<u>day</u>-ga (SP)
Bolgheri <u>bol</u>-ger-ee (IT)
Bonnezeaux bon-zoh (FR)
Bordeaux bohr-doh (FR)
botrytis cinerea bot-rite-us sin-er-ee-a
Bourgogne bor-<u>gon</u>-yeu (FR)
Bourgueil bor-guy (FR)
Brouilly broo-yee (FR)
Brunello di Montalcino broon-<u>ell</u>-o dee mon-tal-<u>chee</u>-no (IT)
brut broot (FR)
bual bwahl (MA)
Buzet boo-zay (FR)

C

Cabardès cab-ar-des (FR)
cabernet franc cab-er-nay fronk
cabernet sauvignon cab-er-nay so-vee-nyo*n*
Cahors ca-ohr (FR)
Cairanne kay-ran (FR)
Calatayud cal-a-ti-<u>yoodth</u> (SP)
Campo de Borja camp-o de <u>bor</u>-*h*ah (SP)
carignan cah-ree-nyo*n*
Carignano del Sulcis cah-ree <u>nyan</u>-oh del sool-chees (IT)
Cariñena cah-ree-<u>nyay</u>-na (SP)
carmenère car-min-<u>air</u>
cave coopérative cahv co-op-eh-rah-teev (FR)
chardonnay shahr-daw-nay
chenin blanc sheu-nin blonk
Chinon shee-no*n* (FR)
cinsaut/cinsault san-soh
climat clee-mah (FR)
Clos de Vougeot clo de voo-joh (FR)
colheita col-yeh-tah (PO)
Collioure col-yoor (FR)
Conca de Barberà con-ca day bahr-bay-rah (SP)
Condrieu con-dree-yeu (FR)

Consejo Regulador con-_say_-hoh ray-goo-la-dor (SP)
Consorzio con-_sor_-zee-oh (IT)
Corbières corb-_yehr_ (FR)
Cornas cor-nass (FR)
Costers del Segre cost-airs del say-gray (SP)
Côte Rôtie coht roh-tee (FR)
Coteaux Champenois coh-toh shom-peu-nwah (FR)
Coteaux du Languedoc coh-toh doo long-dok (FR)
Côtes de Gascogne coht de gas-_con_-yeu (FR)
Côtes du Rhône coht doo rohn (FR)
Côtes du Ventoux coht doo von-too (FR)
crémant cray-mo_n_ (FR)
crème de cassis craym de cass-eess (FR)
crianza cree-_ahn_-thah (SP)
Crozes-Hermitage crohz ehr-mee-tadj (FR)
Curicó coo-ree-coh (CH)
cuvée coo-vay (FR)

D

Dão dow_n_ (PO)
dégustation day-goo-stah-see-o_n_ (FR)
dolce dohl-chay (IT)
dolcetto dohl-chay-toh (IT)
Douro doo-roh (PO)
doux doo (FR)
dulce dool-thay (SP)

E

Eiswein ice-vine (GE)
élevé ay-leh-vay (FR)
Entre-Deux-Mers on-treu deu mehr (FR)
Estremadura es-tray-mah-doo-rah (PO)

F

Faugères foh-djehr (FR)
fernão pires fehr-now pee-resh (PO)
Fitou fee-too (FR)
Fixin fee-sa_n_ (FR)
Freixenet fresh-net (SP)
furmint foor-mint (HU)
fût foo (FR)

G

Gaillac gah-yak (FR)
gamay gah-may
garganega gar-_gah_-neg-a (IT)
garnacha gar-_na_-cha (SP)
garrafeira gah-rah-fair-ah(PO)
Gevrey-Chambertin djiv-ray shom-behr-tan (FR)
gewurztraminer geu-voort-stram-ee-nehr

Gigondas djee-gon-dass (FR)
Gironde djee-rond (FR)
Givry djee-vree (FR)
Goya Kgeisje _h_oy-ya kay-see (SA)
grand cru gro_n_ croo (FR)
Graves grahv (FR)
grenache grin-_ash_
grüner veltliner groo-ner velt-lin-er (AU)

H

Halbtrocken halp-trock-en (GE)
Haut-Brion oh bree-o_n_ (FR)
Haut-Poitou oh pwah-too (FR)
Hérault eh-roh (FR)
Hermitage her-mee-tadj (FR)

I

Irouléguy ee-roo-lay-gee (FR)
irsai oliver eer-shy oliver (HU/SL)
jaen jay-en (PO)

J

Jerez _h_ehr-_eth_ (SP)
Jumilla _h_oo-mee-ja (SP)
Jurançon djoo-ro_n_-so_n_ (FR)

K

kékfrankos kake-fran-kosh (HU)
Klein Constantia klayn con-stan-sha (SA)

L

Lafite-Rothschild la-feet roth-chihld (FR)
Languedoc lond-dok (FR)
Latour lah-toor (FR)
Léoville-Las-Cases lay-oh-veel lass-cass (FR)
Limoux lee-mooh (FR)
Loire lwahr (FR)
Lynch-Bages lansh badj (FR)

M

macération carbonique mass-ehr-a-syo_n_ car-bon-eek (FR)
Mâcon mah-co_n_ (FR)
Mâconnais mah-con-nay (FR)
Maipo mih-poh (CH)
malbec mal-beck
malvasia mal-va-_see_-ah
La Mancha lah man-cha (SP)
manseng man-seng
manzanilla man-tha-_nee_-ya (SP)
Marches _mahr_-kay (IT)

Margaux mar-goh (FR)
Mas de Daumas Gassac mah de doh-mass gass gass-ak (FR)
mataro mat-_ahr_-o
Médoc meh-dok (FR)
Menetou-Salon min-it-oo sah-lo_n_ (FR)
Mercurey mehr-koo-ray (FR)
merlot mehr-loh
meunier meu-nee-yay
Meursault meur-soh (FR)
Minervois mee-nehr-vwah (FR)
Minho mee-nyo (PO)
mis en bouteille meez o_n_ boo-tay (FR)
mis en cave meez o_n_ cahv (FR)
moelleux mwahl-eu (FR)
Moët & Chandon moh-wet ay sho_n_-do_n_ (FR)
Monbazillac mo_n_-bah-zee-yak (FR)
Montagny mon-tan-yee (FR)
Montalcino mon-tal-_chee_-noh (IT)
Montepulciano mon-tay-pool-chee-yahn-oh (IT)
Monthelie mon-tay-lee (FR)
Montilla mon-_tee_-yah (SP)
Montrachet mo_n_-rash-ay (FR)
moscatel moss-cah-tel
Mosel _moh_-zil (GE)
Moulis moo-lee (FR)
mourvèdre moh-vay-dr
mousseux moo-seu (FR)
Mouton-Rothschild moo-to_n_ roth-chihld (FR)
müller-thurgau moo-lehr toor-gow
Muscadet Sur Lie moo-sca-day soor lee (FR)
muscat moo-scat

N
Nagyrede nar-grey-der (HU)
Nahe nah-huh (GE)
Navarra nah-_vah_-rah (SP)
nebbiolo nay-bee-_yo_-loh
Nederburg nay-dur-burg (SA)
négociant neh-go-see-o_n_ (FR)
nero d'avola nay-ro dav-ohl-ah (IT)
Niersteiner Spiegelberg/Domherr neer-shtiner spee-gil-burg/dawm-hehr (GE)
Nuits-St.-Georges nwee-sa_n_-djordj (FR)

O
Orvieto ohr-vee-et-oh (IT)

P
Paarl pahl (SA)
Pacherenc de Vic-Bilh pash-er-onk de vik-beel (FR)

palo cortado pahl-oh cor-_tah_-doh (SP)
passito pass-_ee_-toh (IT)
Pauillac pass-yak (FR)
pedro ximénez pay-droh _h_eem-_ehn_-eth (SP)
Penedés pen-eh-dehs (SP)
periquita pay-ree-kree-tah (SP)
Pessac-Léognan pay-sak lay-oh-nyo_n_ (FR)
pétillant pay-tee-yo_n_ (FR)
petit verdot peu-tee vehr-doh
petite sirah peu-tee see-rah
Pétrus pay-trooss (FR)
Pfalz fahlss (GE)
Pic St.-Loup peek-sah-loo (FR)
Piedmont/Piemonte pee-yed-mont/pee-yeh-mont-ay (IT)
Piesporter Goldtröpfchen pees-port-er gold-trop-fyen (GE)
Le Pin leu pa_n_ (FR)
pinot grigio pee-noh gree-djee-oh
pinot gris pee-noh gree
pinot meunier pee-noh meu-nee-yay
pinot noir pee-noh nwah
pinotage pee-noh-tadj
Pomerol paw-may-rohl (FR)
Pommard paw-mahr (FR)
Pouilly-Fuissé poo-yee fwee-say (FR)
Pouilly-Fumé poo-yee foo-may (FR)
Premières Côtes de Blaye prim-yer coht de blah-ee (FR)
primitivo prim-it-_eev_-oh (IT)
Priorato pree-ohr-_ah_-toh (SP)
Puglia poo-lee-ah (IT)
Puligny poo-lee-nyee (FR)
puttonyos poo-_toh_-nyos (HU)

Q
Qualitätswein kvah-lee-tayts-vine (GE)
Quarts de Chaume kahr de shohm (FR)
Quincy ka_n_-see (FR)
quinta kin-tah (PO)

R
Rapel rah-_pel_ (CH)
Recioto ray-chee-yoh-toh (IT)
Reguengos ru-gehn-gohsh (PO)
Reuilly reu-yee (FR)
Rheingau rine-gow (GE)
Rías Baixas ree-ass bi-shass (SP)
Ribatejo ree-bah-tay-djoh (PO)
Ribera del Duero ree-bay-rah del dway-roh (SP)
riesling reez-ling
Rioja ree-aw-hah (SP)
ripasso ree-pah-soh (IT)

riserva ree-zehr-vah (IT)
Rivesaltes reev-sahlt (FR)
rosado roh-zah-doh (SP)
Roussillon roo-see-yon (FR)
Rueda roo-way-dah (SP)
Rufina roo-fee-nah (IT)
Rully roo-yee (FR)
Ruwer roo-ver (GE)

S

Saar zahr (GE)
St.-Emilion sant ay-meel-yon (FR)
St.-Estèphe sant ay-stef (FR)
St.-Joseph san djoh-sef (FR)
St.-Julien san djoo-lee-yen (FR)
st. laurent sant law-rent (AU)
St.-Véran san vay-ron (FR)
Ste.-Croix-du-Mont sant kwah-doo-mon (FR)
Salice Salentino sah-lee-chay sahl-en-tee-noh (IT)
Sancerre son-sehr (FR)
sangiovese san-dj-oh-vay-zay
Santenay son-tin-ay (FR)
Sassicaia sass-ee-ki-yah (IT)
Saumur sow-moor (FR)
Saumur-Champigny sow-moor shom-pee-nyee (FR)
Sauternes sow-tehrn (FR)
sauvignon blanc sow-vee-nyon blonk
Savennières sav-en-yehr (FR)
Savigny sav-ee-nyee (FR)
scheurebe shoy-ray-beu
semillon sem-ee-yon
sercial ser-thee-ahl (MA)
Setúbal shtoo-bal (PO)
shiraz shee-raz
Soave swah-vay (IT)
Spätlese shpayt-lay-zeu (GE)
sur lie soor lee (FR)
sylvaner sil-van-er
syrah see-rah

T

tempranillo temp-ran-ee-yoh
Teroldego Rotaliano tay-rol-day-go rot-al-yah-noh (IT)
terrir ter-wahr (FR)
Tignanello teen-ya-nay-loh (IT)
Tokay/Tokaji toh-ki (HU)
torrontes tor-ont-tehs
Touraine too-rayn (FR)
touriga franca too-ree-gah franka (PO)
touriga nacional too-ree-gah nah-see-yon-al (PO)

trebbiano tray-bee-ahn-oh (IT)
trincadeira preta trinc-ah-deh-rah pray-tah (PO)
Trockenbeerenauslese trock-in-beer-in-ows-lay-zeu (GE)

U

Utiel-Requena oo-tee-yel ray-kay-nah (SP)

V

Vacqueyras va-kay-rass (FR)
Valdepeñas val-de-pay-nyas (SP)
Valpolicella val-po-lee-cheh-lah (IT)
vecchio veh-kee-oh (IT)
Vaga Sicilia bsg-ah see-see-lay (SP)
vendange tardive von-donj tar-deev (FR)
verdejo vehr-deh-ho (SP)
verdelho vur-del-oh
Verdicchio ver-dee-kee-oh (IT)
Vernaccia di San Gimignano vur-nah-chah dee sahn jim-een sahn jim een-yan-oh (IT)
viejo vee-eh-oh (SP)
vignernon vee-nyeh-ron (FR)
vin de paille van de piy (FR)
vin de pays van de pay (FR)
vin de table van de tah-bl (FR)
vin doux naturel van doo nat-oor-el (FR)
Vinho Verde vee-noh vehr-day (PO)
Vin Santo vin sahn-toh (IT)
viognier vee-on-yay
Viré-Clessé vee-ray cless-ay (FR)
Volnay vol-nay (FR)
Vosne-Romanée vohn roh-man-ay (FR)
Vouvray voo-vray (FR)

W

Wachau vak-ow (AU)
Wehlener Sonnenuhr vay-lin-er zon-en-oor (GE)
Weinviertel vine-feer-til (AU)
weissburgunder vice-bur-goon-dur

Y

Yquem ee-kem (FR)

Z

zinfandal zin-fahn-del
zweigelt tsvi-gelt (AU)